《动物科普馆》系列

机灵小巧的昆虫

谢宇 主编

天津人民出版社

图书在版编目（CIP）数据

机灵小巧的昆虫 / 谢宇主编. — 天津：天津人民出版社，2012.1

（巅峰阅读文库. 动物科普馆）

ISBN 978-7-201-07288-3

Ⅰ. ①机… Ⅱ. ①谢… Ⅲ. ①昆虫－普及读物 Ⅳ. ①Q96-49

中国版本图书馆CIP数据核字(2011)第245264号

天津人民出版社出版

出版人：刘晓津

（天津市西康路35号　邮政编码：300051）

邮购部电话：（022）23332469

网址：http://www.tjrmcbs.com.cn

电子信箱：tjrmcbs@126.com

北京阳光彩色印刷有限公司印刷　新华书店经销

2012年1月第1版　2012年1月第1次印刷

787×1092毫米　16开本　10印张

字数：180千字

定价：24.80元

前　言

动物是生命的主要形态之一，已经在地球上存在了至少5.6亿年。现今地球上已知的动物种类约有150万种。不管是冰天雪地的南极，干旱少雨的沙漠，还是浩渺无边的海洋，炽热无比的火山口，它们都能奇迹般地生长、繁育，把世界塑造得生机勃勃。

但是，你知道吗？动物也会"思考"，动物也有属于自己王国的"语言"，它们也有自己的"族谱"。它们有的是人类的朋友，有的却会给人类的健康甚至生命造成威胁。《动物科普馆》分为《生命力顽强的两栖爬行动物》、《种类繁多的哺乳动物》、《遨游海底的海洋动物》、《千奇百怪的鱼类》、《凌空展翅的鸟类》、《称王称霸的恐龙家族》、《机灵小巧的昆虫》、《扑朔迷离的动物之谜》、《濒临灭绝的珍奇动物》、《异彩纷呈的动物本领》十本。书中介绍了不同动物的不同特点及特性，比如，变色龙为什么能变色？蜘蛛网为什么粘不住蜘蛛？鲤鱼为什么喜欢跳水？……还有关于动物世界的神奇现象与动物自身的神奇本领，比如，大象真的会复仇吗？海豚真的会领航吗？蜈蚣真的会给自己治病吗？……这些问题，我们都将一一为你解答。

为了让青少年朋友们对动物王国的相关知识有一个更好的了解，我们对书中的文字以及图片都做了精心的筛选，对选取的每一种动物的形态、特征、生活习性及智慧都作了详细的介绍。这样，我们不仅能更加近距离地感受到动物的迷人、可爱，还能更加深刻地感受到动物的智慧与神奇。打开书本，你将会看到一个奇妙的动物世界。

本书融科学性、知识性和趣味性于一体，不仅可以使读者学到更多的知识，而且还可以使他们更加热爱科学，从而激励他们在科学的道路上不断前进，不断探索！同时，书中还设置了许多内容新颖的小栏目，不仅能培养青少年的学习兴趣，还能不断地开阔他们的视野，对知识量的扩充是十分有益的。

编者

2011年5月

目 录

目录

目录

无处不在的昆虫

在地球上，昆虫是第一大家族，目前，已知的昆虫约有100万种。根据一些昆虫学家的研究，生存在地球上的昆虫种类估计可以超过1 000万种，甚至达到了3 000多万种。春天郊外纷飞的蝴蝶，夏天窗外高歌的知了，秋天路旁低吟的蛐蛐儿，冬天屋内四处飞舞的小蛾。不管是谁，肯定都有过与昆虫亲密接触的经历，最常见的方式是苍蝇的“骚扰”和蚊子的“亲吻”。在植物生长的季节，庭院、农田、森林等到处都有昆虫的身影，也不知道它们是从哪里冒出来的。就算在雪山、冰川上也能看到一些昆虫在活动。

昆虫的定义

墙角的蜘蛛、草丛里的蜗牛、石块下的蜈蚣、溪流中的草虾，这一切小生命似乎都顺理成章地被视为昆虫。其实，不管是蜘蛛、蜈蚣、蜗牛还是草虾，都不属于昆虫。然而，就算除去这么多的“小虫虫”，在动物界，昆虫家族依旧是地球上最为庞大的种群。

昆虫家族如此兴旺，那么到底什么样子的动物才算是昆虫呢？昆虫隶属于“节肢动物”的群系，它们的躯干被明显地分为3个部分：头、胸、腹。头部长有一双的触角（触须）和一张专门食用特殊食物的嘴巴；胸部长有腿和翅膀，腿部带有6条关节；腹部里面有肠和生殖器官等。身体外面通常包着一层很硬的外骨骼。

在所有的动物中，昆虫的种类最多，分布也最广。它们栖息在你能想象到的每一个地方：空中、地面、水中、土壤里，甚至是动植物的体表或体内。科学家们已经

为上百万种的昆虫分别取了名字，中国已知的昆虫种类已接近80 000种；但是还有更多的昆虫物种不被人类所了解，有待于进一步发现、鉴别。

昆虫是地球上最早飞上天空的动物类群，也是最为繁盛的一个类群。据统计，同一时间生活在地球上的昆虫数量可达10^{19}个。

昆虫之所以能够如此广泛地分布在地球上，主要是因为它们具有较强的适应能力和飞行能力。昆虫的体型一般都较小，容易被气流或水流带到任何地方。它们的繁殖能力也很强，虫卵在成虫的精心保护下能抵抗恶劣的环境，并能被习惯远距离活动的鸟类等其他动物带到很远的地方生活。很多昆虫都具有相当复杂的生命循环过程，往往需要经过几个界限鲜明的生长阶段才能变为成虫。

昆虫构造的变化主要体现在翅、足、触角、口器和消化道上。这种广泛的形态差异使得这个家族能够通过一切可能的方法生存下来。

所有昆虫的成虫都有6只脚，绝大多数有2对翅膀长在胸部。它们的翅是由中、后胸体壁延伸而成。少数昆虫只有一对翅膀，它们的后翅变成了一对细小的平衡器，在飞行时起平衡作用。还有一些昆虫的翅膀已经完全退化，但如果用放大镜仔细观察，还是能找到翅膀的痕迹。昆虫的骨骼长在身体的外边，叫做“外骨骼”。外骨骼可以防止水分的蒸发，保护并支持躯干，使昆虫能更好地适应陆地生活。同时，昆虫还需要通过外骨骼上的气孔进行呼吸，与外界进行能量交换。

昆虫还有极其发达的肌肉组织。它们的肌肉不仅结构特殊，而且数量很多。一只鳞翅目昆虫有2 000多块肌肉，而人类个体也不过有600多块而已。发达的肌肉不仅可以使昆虫跳得高、跳得远，还可以帮助它们进行远距离飞行，甚至能举起比自身重得多的物体。

小小的跳蚤，身体极其扁平，体长仅为1～5毫米，但它们却能跳到20～30厘米远的地方，是昆虫世界的跳远冠军。跳蚤之所以有如此惊人的跳跃能力，完全是依靠它们的后足和肌肉。跳蚤后足的长度比身子还长，又粗又壮，非常发达。跳蚤在跳跃前，肌肉发达的胫节紧贴着腿节，它们会用力将强大的胫节提肌收缩得紧紧的，然后再伸展开，利用强大的反弹力跳起来。同时，跳蚤的中足和前足也可以后蹲，使其整个身体的跳跃动作更加协调，跳跃力量也更加强大。此外，蝗虫和蟋蟀的跳跃能力也十分出色；蜻蜓、蝴蝶、蜜蜂等昆虫依靠胸背之间连接翅膀的那部分肌肉，可以飞到很远很远的地方；蚂蚁可以举起相当于自身体重52倍的物体。

昆虫的视觉器官非常发达。它们的飞翔、觅食、避敌等都离不开敏锐的视力。大多数昆虫都有大大的复眼，位于头部的正上方，呈圆形或卵圆形。复眼是由许多六角形的小眼组成的，每只复眼至少有5～6只小眼，最多的可以达到几万只。

蜻蜓、螳螂的复眼就很具代表性。蜻蜓成虫的大小一般在20～150毫米之间，头大而灵活，1对复眼占头部体积的1/2左右，它们的复眼是由1.2万只小眼组成的，视力非常敏锐，可以帮助它们迅速地捕捉到食物。螳螂也有2只很大的复眼，其作用除了能够辨别物体外，还能测定速度。

单眼结构的昆虫，只能辨别外界光线的强弱，因而它们更多地依靠触觉、嗅觉

和听觉来感知外部世界。它们的头部有一对能灵活转动的触角，有的细长，有的短小，但都是出色的感觉器官。在单眼结构昆虫的嘴巴下，有两对短小的口须，它们的作用和鼻子一样，是用来辨别气味的。在它们的躯干上还有一些用来分辨声音的知觉鬃毛。不同种类的昆虫，知觉鬃毛生长的位置也不同。例如蝗虫是在腹部第一节的左右两边各长有一些知觉鬃毛，外表就像半月形的裂口，清晰可见；蚊子的知觉鬃毛长在头部的两根触角上；蟋蟀的知觉鬃毛则长在前肢的第二节上。

昆虫中有一些是寄生，有一些则是自己捕猎食物。其中有的是吸取植物的汁液，有的是咀嚼植物的叶片，还有一些以动物的血液为生。有的昆虫对人类的生产生活有益，如蜜蜂、蝴蝶、螳螂、蜻蜓等。它们中有的可以帮助果树传播花粉，有的能消灭害虫。而有些昆虫对农作物十分有害，如蝗虫、棉铃虫等。我们应该根据它们的生长特点，对它们进行有效地防治。

小知识

世界上最大的昆虫

昆虫的大小可以从两个方面来判定：一种是昆虫展开翅膀时的大小；另一种是昆虫身体的大小。按翅膀展开的大小而论，产于太平洋西南部的蝴蝶是世界上最大的昆虫，其展翅宽度可达30厘米。若按身体的重量来判断，则是产于非洲刚果的金龟子最大，它的身体长度约为15厘米。

认识昆虫

节肢动物中只有同时具备以下5个条件的才被认定是昆虫。

1.身体的环节分别集合组成头、胸、腹3个体段；

2.头部是感觉和摄食中心，有口器（嘴）和1对触角，通常还有复眼及单眼；

3.胸部是运动中心，有3对足，一般还有2对翅（少数昆虫的翅只有1对或完全退化）；

4.腹部是生殖与代谢中心，包含生殖器和大部分内脏；

5.昆虫在生长发育的过程中要经过一系列内部及外部形态上的变化，才能转变为成虫，这种体态上的改变称为“变态”。

昆虫的头部

昆虫的头部是感觉和摄食中心，前方有一对触角，长在2只复眼之间。不同种类昆虫的触角形态是不一样的。即使是同一类昆虫，触角的形态也会因昆虫的不同性别而有所差别。昆虫的口器形式多样，不同的口器是对不同食性的一种适应。昆虫的头部一般还有2只复眼和不同数目的单眼，是感光器官。单眼和复眼表面最显著的区别在于：单眼只有单个角膜面，而复眼则由许多小眼组成；单眼只能辨别明暗，而复眼能够造像。

昆虫的复眼

复眼是昆虫的主要视觉器官，由许多小眼组成。每个小眼呈六角形，聚集在一起的小眼就好像一个大凸透镜，又像一个奇妙的万花筒。不同种类的昆虫，小眼的数目也不相同，如丽蝇的每只复眼有4 000多只小眼，龙虱（甲虫）有9 000多只小眼，蝶类的小眼有12 000~17 000只，蜻蜓的小眼有2.8万多只等。一般小眼的数目越多，昆虫复眼的造像就越清晰，它们的视力也就越好。

昆虫的嘴巴

昆虫因其食性和摄食方式的不同，口器的结构也分为不同的类型：取食固体食物的被称为“咀嚼式口器”；取食液体食物的被称为“刺吸式口器”，这种口器可以刺入植物或动物身体内取食；兼食固体和液体两种食物的被称为“嚼吸式口器”；吸食暴露在物体表面液体物质的被称为“舐吸式口器”和“虹吸式口器”。

咀嚼式口器

这种口器比较原始，由上唇、上颚、下颚、下唇和舌等部分构成。上唇在口器的前方，是头部下方的一个垂片。上颚是一对，呈三角形、很坚硬，适于咀嚼食物；下颚也是一对，在上颚的后面，主要用来抱握食物。下唇位于下颚后方，其结构与下颚相似，左右相互连结，形成一个整体，下唇的作用主要是防止食物从后方外漏。舌位于上下颚之间，有感受味道及搅拌食物的作用。

用嘴巴大口咬食的蚱蜢有一对左右对称、又大又硬的大颚，在大颚的边缘有许多锯齿状的细齿，看上去好像一把“老虎钳”，特别适合啃咬庄稼。它们在吃东西的时候，只要用“钳子”上下一夹，食物就被咬断了。所以，它们能将植物的茎秆咬成几段，把叶子咬得残缺不全。在大颚的下面还有几根触须，专门用来感觉外界的变化。这种口器叫做“咀嚼式口器”，像菜青虫、稻苞虫、蝼蛄、蟋蟀等，都长有这种口器。

刺吸式口器

蚜虫的口器像医生注射时用的针头，尖端锋利，中间是空的。蚜虫吃东西时会把口器刺入幼嫩植物的身体里，贪婪地吮吸植物的汁液，导致植物的叶子发黄、萎缩、枯死，这种口器就是刺吸式口器，是由下唇延伸演变而成的。像蚊、蝉、稻飞虱、椿象等，都长有这种口器。

蚊子的“嘴巴”很特别，是由一束极细的管子组成。这束管子分为硬管子和软管子，硬的用来刺穿皮肤，吸取人或动物体内的血液，软的则成为食管和唾液道。由于蚊子的“嘴巴”有刺入吸食的特点，因此被称为“刺吸式口器”。

嚼吸式口器

这类口器兼有咀嚼和吸取两种功能，一些蜂类就具有这种口器。其特点是上颚发达，可以咀嚼固体食物；下颚以及下唇等都延长并合拢而成为适于吮吸的食物管，可以吸取花蜜。

蜜蜂的“嘴巴”就是嚼吸式口器，它的用处很多，既可以把花粉嚼碎、磨细，又能伸到花朵中吮吸花蜜。

舐吸式口器

舐吸式口器非常复杂，其主要部分为头部和以下唇为主构成的吻，吻端是由下唇形成的唇瓣，用来收集物体表面的汁液。

苍蝇的“嘴巴”是舐吸式口器的代表。它们的嘴巴前端有一片蘑菇状的嘴唇，吃东西时嘴唇紧紧贴在食物上，舐吸食物表面的汁液。碰到干燥食物时，它们还会先吐出唾液，将食物湿润后再吸食。因此当苍蝇停在牛奶或菜汤边时，可以直接用“嘴”吸食，如果在糖果和蛋糕等固体食物前，它们则会用“嘴”去舔，把固体食物溶解在自己吐出的唾液中，然后再吸食到肚子里。

虹吸式口器

这类口器的主要结构是下颚的外颚叶左右合抱成长管状（中间是食物道），盘卷在头部前下方，如钟表的发条一样。

在花丛中翩翩起舞的蝴蝶以及晚上飞扑灯火的飞蛾，它们的口器又别具特色。由两根带凹沟的身体器官，左右合抱成一根中空的管子。平时，管子像钟表发条那样盘卷起来，可当采取花朵深处的蜜汁时，管子就会一下子伸展变长，足以吸到花朵深处的蜜汁。这种有趣的“嘴巴”便是典型的虹吸式口器。

昆虫的鼻子

昆虫的“鼻子”在昆虫学里有个专门的名词，叫做“触角”。昆虫的“鼻子”有很多种颜色：翠绿、金黄、火红、紫蓝、雪白、淡黑，还有的呈现出各种花纹。

奇形怪状的鼻子

昆虫的“鼻子”是奇形怪状的。蟋蟀、蝗虫的“鼻子”是头上2根细长的“胡子”；苍蝇的“鼻子”有点像多芒的麦穗；公蚊的“鼻子”像长满针叶的松枝；白蚁的“鼻子”像一节节钢鞭；金龟子的“鼻子”像一串香蕉；叩头虫的“鼻子”像木工师傅的锯条；还有许多昆虫的“鼻子”像念珠、梳子、羽毛、锤子、平衡棒……昆虫的“鼻子”——触角的形状是对它们进行分类的重要依据之一。

鼻子的功用

昆虫的“鼻子”能辨别出多种气味。苍蝇闻到粪臭味、鱼腥味，就会成群飞过来；蟑螂闻到食用油的气味，就会结队而至；米蛾闻到大米的气味，就会钻进米囤里“生蛋”，因为孵出来的米蛀虫只吃大米；菜粉蝶闻到白菜、萝卜等十字花科蔬菜挥发出来的特殊气味——芥子油气，便会飞到这些作物上产卵；如果人擦了驱蚊油，蚊子闻到这种气味就会远远躲开；在箱子里放了樟脑丸后，蛀食衣服的蛀虫闻到樟脑丸的气味，也会马上溜之大吉。昆虫的这种特性叫做“趋化性”。

昆虫的“鼻子”如此灵敏，是因为它们的“鼻子”上生有许多专门辨别气味的嗅觉器官。如雄蜜蜂有3万多个嗅觉器官，雄金龟子有4万多个。有人把雌性天蚕蛾装在笼子里，位于几千米以外的天蚕“丈夫”居然能飞到笼子边上来。如果剪去昆虫的“鼻子”，或者在“鼻子”上涂上油漆，它们就像得了“感冒”，“鼻”塞不通了。

昆虫的耳朵

昆虫的听觉器官长得很奇怪，生长的位置也不一样。比如，蟋蟀的“耳朵”就长在1对前足的小腿上；蝗虫的“耳朵”长在腹部第一节的左右两边，一边一只，外表就像是半月形的裂口，很容易看见；蚊子的“耳朵”长在头部的两根触角上，每根触角的第二节里藏着一只能收听声音的器官；飞蛾的“耳朵”有的长在胸部，有的长在腹部，而雄蛾的“耳朵”多长在毛茸茸的触角的绒毛上；苍蝇的耳朵比较奇怪，长在翅膀基部的后面。

昆虫的翅

昆虫的翅中有一些管状结构，内含神经、气管和血液，叫做“翅脉腔”。整条管状结构称“翅脉”。昆虫的翅脉变化很复杂，常作为昆虫分类的重要特征之一。翅的变化很大，呈薄膜状的叫“膜翅”；前翅较厚且硬的部位叫“鞘翅”；前翅仅根部硬化，其余部分为薄膜状的叫“半鞘翅”；前翅呈皮革状为“革翅”；膜翅上满覆鳞片的叫“鳞翅”。双翅目昆虫的后翅退化，形成了一种叫做“平衡棒”的结构。

昆虫的足

昆虫有3对胸足：1对长在前胸，1对长在中胸，1对长在后胸下边，分别叫“前足”、“中足”和“后足”。昆虫的足一般由7节组成，从根部至末端依次为基节、转节（有时再分为两节）、腿节、胫节、跗节和前跗节。前跗节常变为一个爪或一对爪，爪间还有爪突（或称“中垫”），爪下还有爪垫等。

昆虫的3对足主要用来行走，行动非常灵活，但由于各种昆虫的生活环境和生活方式不同，它们足的形状和构造也发生了不少变化，可适用于爬、跳、抱、捕、挖、携、游等多种运动形式。比如跳蚤和蝗虫的足善于跳跃；蝼蛄和一些金龟甲的前足像铲子，便于掘土。

昆虫的种类

昆虫是一个大家族，在动物界中，他们有特定的分类位置和谱系。昆虫属于节肢动物门里的一个庞大分支——昆虫纲。昆虫纲包含100多万种昆虫，它们形态各异，各具特色。亲缘关系相近的物种，其外形、生活习性也近似。

如此众多的昆虫，人类该如何去认识和区分它们呢？科学家们苦心研究，按照它们的起源、亲缘关系、进化历程，从它们的身体结构、外形体态、翅的有无、生活习性等方面进行分析对比，找出了它们的相同与不同之处，科学地建立了昆虫的家族谱系——昆虫纲。昆虫纲被划分为两个亚纲：较低等的无翅亚纲和相对较高等的有翅亚纲。在亚纲下又分出了33个昆虫目。昆虫谱系的层层建立与分类方法和其他生物一样，好比走台阶一般。在目以下又逐级往下分出科、属和种，有的还有亚种。在两级之间也有“亚”一级，如亚纲、亚目等等。这样，每种昆虫不仅有一个自己的姓名，即学名(属名+种名+命名人，均用拉丁文表示)，而且还有自己的分支家族谱系。如中华蜜蜂，其分类的家谱位置为：昆虫纲—有翅亚纲—膜翅目—细腰亚目—蜜蜂总科—蜜蜂科—蜜蜂亚科—蜜蜂属—中华蜜蜂。

通过查看昆虫的家族谱系，各种昆虫间的相互亲缘关系、分类地位便一清二楚

了。据统计，已记载的100多万种昆虫分属于10多万个属种。就种类数量而言，其中鞘翅目昆虫（又称“甲虫”），不仅是昆虫纲，也是动物界中最大的一目，已知的种类在30万种以上，占昆虫种类的40%。昆虫纲中第二大目为鳞翅目，所有的蝴蝶和蛾类都属此目，有20万种以上。双翅目昆虫包括蚊、蝇、虻，种类和个体数量都很多，也是昆虫纲中的大目。半翅目昆虫通称“蝽象”，世界已知的约有3万多种，也是昆虫中一个较大的类群。

良好的分类体系是一个有效的信息存储系统，即有了一个虫名，就可以知道有关它的许多信息，或者看到一个虫体，就可以预测它的很多信息。譬如，我们提到或看到一种叶甲科昆虫，就可以知道它是完全变态昆虫（具蛹期）、咀嚼式口器、成虫及幼虫均取食植物等。

因此，正确鉴定一种昆虫在昆虫学的研究中显得十分重要，有了虫名（国际上通用的是拉丁学名），不但可以知道这种昆虫过去已有的信息，也便于把自己的研究结果与他人交流和分享。

昆虫的变态

昆虫的变态，指的是某些动物在幼体发育为成体的过程中，身体的外部形态、内部生理结构以及生活习性所发生的一系列显著的变化。在动物界中，昆虫类的许多动物都要经过变态过程才能发育成成体。此外，两栖动物中的蛙类也要经过变态过程才能从蝌蚪发育成成熟的蛙。

某些昆虫要经过卵、幼虫、蛹、成虫4个时期，这被称为是一个“完全变态过程”。幼虫没有翅膀，在外形上与成虫有极大的差异。幼虫长大后，就会停止活动，并生出一层坚韧的外壳，叫做“虫带”。蛹要经过几天甚至持续数周的休眠，在这期间，它们的躯干组织会破裂，然后重新长成一个成年昆虫。

经过完全变态过程的昆虫主要有蛾、蝶、蚊、蝇等。

除完全变态和不完全变态外，昆虫中还有增节变态、无变态（表变态）、原变态等变态类型。

昆虫的天敌

昆虫的天敌有很多种，有些小昆虫甚至会被其他的肉食昆虫捕杀。可以肯定的是：鸟类是多数昆虫的天敌。当然还有一些动物专门捕杀特定的昆虫，如食蚁兽。

食虫昆虫

食虫昆虫包括捕食性昆虫（如瓢虫、食蚜蝇、草岭、蝉郎、猎蟠、虎甲、步甲等）和寄生性昆虫（如寄生于卵的赤眼蜂、平腹小蜂等以及寄生于幼虫或成虫的甥茧蜂、整蜂等）。如用赤眼蜂防治菜青虫、小菜蛾、斜纹夜蛾、菜螟、棉铃虫等鳞翅目害虫，草蛉可以捕食蚜虫、粉虱、叶螨以及多种鳞翅目害虫卵和初孵幼虫；丽蚜小蜂可以用来防治白粉虱；捕食性蜘蛛可以用来防治螨类，瓢虫、食蚜蝇、猎蝽等也是捕食性昆虫的天敌。其他食虫动物包括蛛形纲的蜘蛛、肉食螨；脊椎动物中两栖类的青蛙、蟾蜍；爬行类的蜥蜴、壁虎；鸟类中的啄木鸟、燕子、杜鹃、山雀；家禽中的鸡、鸭等。

杀虫剂

杀虫剂是人类发明用来消灭害虫的化学武器。不断更新变化的杀虫剂也已成为昆虫不得不面临的最新天敌，但是，有些昆虫也进化得越来越有抗药性了，人类不得不研制出带有新的化学配方的杀虫剂。

昆虫家族兴旺发达的奥秘

昆虫家族不仅种类众多，位居榜首，而且个体数量非常庞大。有人曾做过统计，例如喜欢群飞的非洲沙漠蝗虫，其个体数可达7亿~20亿之多，总重量约1 250~3 000吨，群飞覆盖面积可达500~1 200公顷。

昆虫家族为什么会如此兴旺发达呢？奥秘在于以下几点。

有翅能飞翔

昆虫是无脊椎动物中唯一有翅的类群，是最早在陆地上飞行的动物。由于有翅膀，使它们在觅食、避敌、求偶和分布等方面比其他陆地动物要技高一筹。

体型较小

比起其他节肢动物和高等动物，昆虫的体型一般都较小，有的甚至小到仅长0.25毫米，如鞘翅目缨甲科的某些种类。娇小的身躯给昆虫带来了两个好处：一是食量小，如米象有一粒米就能饱餐一顿，一滴露珠便能止渴；二是利于藏身避害，一块小石子既可遮风挡雨，又能躲避敌害。

繁殖力惊人

昆虫的繁殖速度很快，如有的种类在10天左右就能繁殖一代。此外，昆虫的繁殖量大，一般都是一雌多卵、多仔，繁殖一代往往成百上千。

口器类型多

昆虫在长期进化的过程中，口器也随之进化成了多种类型，使它们能各取所需，大大改善了取食的效率和范围，利于各自的生存。有的昆虫甚至取食画笔、辣椒、尸体、糖、烟草、鸦片、冰砖等。

较强的适应性

几乎没有什么动物能与昆虫的抗逆性和适应性相比。即使在极其恶劣的条件下，昆虫都能生存。科学家们曾在高温酷暑的赤道区、地下极深的洞穴里、海拔6 000米的岩石上以及温度高达49℃的温泉中都发现过昆虫。还有人在常年冰山积雪的两极也找到了昆虫，在南极找到了40多种昆虫，在北极发现了熊蜂、甲虫、飞蛾和蝴蝶等，还在极浓的盐池中发现了一种水蝇的幼虫生活在其中，甚至在地下喷出的原油中也找到了一种石油蝇的幼虫。

一生多变态

无论是完全变态还是不完全变态的昆虫，从卵、幼虫、蛹到成虫，各虫态阶段都有各自的代谢、取食及生活环境等特点，这利于它们取食生存和躲避敌害。如蜻蜓的幼虫在水中生活，而成虫却在陆地上生活。

防身善变

昆虫属变温动物，它们能根据外界环境的温度对自身的体温进行调节。同时它们还具有多种多样的防身自卫本领，如拟态、释放毒液和臭气等，从而掩护自己，逃离险境。

昆虫自诞生以来，经历了长期的演变和发展。然而，在它们生生世世极其漫长的岁月中，生存与发展的道路并不是一帆风顺的，而是充满坎坷，甚至是死里逃生。经专家论证：昆虫经历了地球历史上几次大规模的生物灭绝灾难，尤其是二叠纪灾变和白垩纪晚期灾变，当时恐龙和其他半数的生物惨遭灭绝，而昆虫家族的80%却奇迹般地生存了下来，直至今日。它们为什么能以相对小的生命代价来远离灾难、安然无恙地渡过两次巨大的生物浩劫呢？

美国的两位考古生物学家拉班德拉和斯宾考斯基在对1 000多个昆虫化石和标本进行研究后，在全球顶级杂志《科学》上郑重指出，昆虫灭而不绝的原因在于：顽强的耐久性，即高度抗灭绝性，这种本性是与生俱来的。某些昆虫在体温降到冰点时，活动可能失常，但不会死亡。如某种蝇类可以生活在纯盐和纯油中，谷象虫可以在纯二氧化碳中生存，另一些昆虫甚至在长期缺水的状态下仍能活动自如，甚至在火山爆发、地震、海啸、洪水等大灾难过后，最先重新定居下来的总是昆虫。这些特殊的耐久性是哺乳类动物无法比拟的，也是昆虫死里逃生的法宝。

昆虫就是凭着它们超强的适应性和求生本领，经过漫长的历史长河，不仅顽强地生存了下来，而且成为了地球上最鼎盛的物种。难怪有位作家写道："昆虫比人类较早出现，它们的顽强性或许会使昆虫比人类活得更远，这里有许多奥秘需要人类去揭示。"

昆虫与仿生学

人类根据对昆虫的研究，利用各种昆虫原理制作出了很多有用的东西，这些都是昆虫仿生学的功劳。现在，就让我们去了解一下生活中都有哪些东西是受昆虫的启发而被发明出来的吧。

迷彩装

荧光翼凤蝶的后翅在阳光下能够一会儿金黄，一会儿翠绿，人类根据这个原理设计了迷彩服。

迷彩服是由绿、黄、茶、黑等颜色组成的不规则图案的一种新式保护色。迷彩服要求它的反射光波与周围景物反射的光波大致相同，不仅能迷惑敌人的目力侦察，还能对付红外侦察，使敌人现代化侦视仪器难以捕捉目标。

现在世界通用的是“六色迷彩服”。现代迷彩服还可根据不同需要，用上述基本色彩变化出多种图案。中国人民解放军迷彩训战服分为夏季和冬季两类，夏季色彩为林地型四色迷彩图案，冬季为荒漠草原色，三军通用。

人造卫星

人类根据蝴蝶翅膀的鳞片能够随太阳光线角度变换的原理，将人造卫星的控温系统制成了叶片正反两面辐射、散热能力不同的百叶窗，保持了温度的稳定。

地速计

象鼻虫能根据自己各个小眼看到同一物体的时间差和自身在此间飞行的距离来判断自己飞行的速度。人类根据这个原理设计了地速计，用来测定飞机的飞行速度。

震动陀螺仪

科学界根据苍蝇的平衡棒发明了震动陀螺仪。这个发明使飞机在危险的倾斜或翻滚中能自动恢复平衡。现在，震动陀螺仪已经被广泛地运用到了航天技术中。

复眼透镜

科学家根据苍蝇和蜻蜓复眼的特殊功能发明了复眼透镜，它在军事、航天、气象、医学、摄像等方面都得到了广泛的应用。

昆虫身上还有很多秘密等待我们揭开，昆虫仿生学也在不断发展。

可以食用的昆虫

地区不同，可食用的昆虫种类也不一样。对于大部分人来说，有一些是可以接受的，如蜂蛹、竹虫、蜻蜓若虫、柞蚕蛹等，还有一些是难以接受的，如油炸的荔枝椿象。多数人觉得吃虾是可以接受的，但吃昆虫不行。实际上，虫、虾均属于节肢动物，它们是近亲。相比某些虾、蟹来说，多数食用昆虫吃的食物相当干净，如植物的叶子或汁液等。

昆虫作为人类的食物，有着悠久的历史。早在3 000年前，我国周代就有食用蚂蚁（蚁子酱）的记载，而且只有上层人物才有资格享用，或祭祀时才可以食用。我国古书中也有很多关于昆虫的捕捉、食用方法的记载，如曹植在《蝉赋》中就有捕蝉、火上烤蝉的描述，蒲松龄在《农蚕经》中详细描述了豆虫（豆天蛾幼虫）的食用方法。

世界上许多国家和地区，都有食用昆虫的习惯。在一些旅游景区，常常可以看到销售的昆虫小吃。最有名的食虫国家可能要算墨西哥了，从史前至今，墨西哥人一直都有吃虫的习俗。墨西哥的许多宗教活动及节日庆典都与吃虫联系在一起。如今，墨西哥的大街小巷常常可以看到卖虫的小商小贩。

另一个有名的食虫国就是泰国，连政府都规定不准用农药防治蝗虫，只能人工捕捉，目的是为了能吃到原汁原味且无污染的美味蝗虫；他们还把蟑螂做成酱，据说可以与虾米蘑菇酱相媲美。在法国，也有专门的昆虫餐厅，可以吃到多种昆虫菜肴，如油炸苍蝇、蚂蚁狮子头、甲虫馅饼等。

新西兰的毛利族人，以8种蚯蚓作为食物，其中2种还是送给尊长的贵重礼品。日本的蚯蚓馅饼、南非的炸蚯蚓都是著名的小吃。实际上，每个国家都有自己的拿手好“虫”。

我国云南傣族也有闻名遐迩的昆虫宴。如“知了背肉馅”、“油煎竹虫”、“油炸蚂蚱”、“凉拌土蜂子”、“酱拌蟋蟀”、“酸拌蚂蚁卵”、“清水蚕蛹汤”，都是原汁原味的昆虫风味菜。

目前世界各地食用的昆虫加起来约有5 000种，我国有100多种。常被食用的昆虫只有40种左右，如广东的龙虱、北方的柞蚕蛹、华东的豆天蛾幼虫等。

广西、湖南、贵州等地还专门饲养一些毛毛虫（化香夜蛾、米黑虫等），收集它们所产的虫屎，晾干后泡茶，称其为“虫茶”或“虫屎茶”。其食用方法与通常的茶叶一样，据说有清凉、解毒、健脾胃等作用。

昆虫是高蛋白质食品，蛋白质含量（昆虫干重）在50%~80%之间，如家蚕蛹，蛋白质的含量高达68%，豆天蛾幼虫为63.2%，柞蚕蛹为52.1%，同时还含有大量的矿物质、微量元素和维生素等，而这些营养物质在我们平常的食物中可能不容易获得。目前，一些餐馆已经开始流行昆虫宴，且价格不菲。

昆虫的药用

昆虫除了食用以外，还可以作为药物或补品。昆虫作为药物治病，在我国已有2 000多年的历史，如冬虫夏草、斑蝥、蝎子、九香虫、螳螂等，可以用来治疗或辅助治疗某些疾病，并能增强机体的免疫力。

《神农本草经》中记载的药用昆虫有29种，《本草纲目》和《本草纲目拾遗》两书共记载了106种。据《周礼》记载："五药，草木虫石谷也。"可见古人早已认识到"虫"是良好的药材之一。

目前入药的昆虫已有大约300种。最常见的有蚂蚁、蟑螂、蜣螂、斑蝥、冬虫夏草、僵蚕、蚁蛉、九香虫等。如今，很多药用昆虫都已进行了人工养殖，在医药、食品等诸多领域发挥着极大的作用。

小知识

冬虫夏草

"冬虫夏草"在生物界是很罕见的一种生物个体。它们在冬天是"虫"，到了夏天却成了"草"。我们知道，有些菌类植物是寄生在某些昆虫的身体上的。秋天的时候，这些菌类植物成熟了，它们的种子(叫"孢子")也已长大成熟，就纷纷钻进蝴蝶、飞蛾等昆虫幼虫的身体里。然后孢子就靠吸取这些娇嫩幼虫身体里的营养慢慢成长起来。小幼虫们在孢子刚刚钻进它们身体里时，并不觉得有什么异常，可是到了第二年春天，它们体内的一切都差不多被吃光了，只剩下一具空壳。到了夏天，菌已经从幼虫的头顶上钻了出来，长成了一根细长的棒，这棒就是我们看到的"草"。这根棒的上部膨大，膨大的地方有许多小球体，小球体里还隐藏着许多冬虫夏草的后代——新一代的孢子。秋天到来的时候，这些成熟的新孢子就会再悄悄地趁机钻进新一代昆虫幼虫的身体里，长成新的冬虫夏草。

冬虫夏草的样子在生物界里是独一无二的。它们由两部分组成，身体的下部是一条虫的外壳，呈黄白色或金黄色，有清晰的环纹，有头、尾、足；身体的上部比虫子长，有点像褐色的黄花菜，表面有很细致的纵纹，实际上，它们只是一种单生菌类。

冬虫夏草是一种名贵的滋补药物，能治胃病、贫血、心血管病、肺结核等病。

世界昆虫之最

世界上数量最多的昆虫：鞘翅目昆虫，全世界已知的约有33万种，多数种类属于世界性分布，如步甲、叶甲、金龟甲和象甲科的某些种类；个别种类的分布仅局限于特定范围。本目中许多种类是农林作物的重要害虫，与人类的经济利益关系十分密切。

世界上对人类健康危害最大的昆虫：蚊子，是对人类危害最大的昆虫，全世界每年死于蚊子传播疾病的人数约有200万。

世界上最重的昆虫：非洲近赤道地区金龟子科的一种甲虫，成年雄性个体重量为71~100克。

世界上最长的昆虫：印度尼西亚的一种大竹节虫，身体最长时达33厘米。

世界上最小的昆虫：马蜂家族里的矮蜂，是昆虫世界里最小的生物之一。它们

最多只能长到5毫米长。矮蜂的身体虽然较小，但攻击性却丝毫不弱。它们用刺戳开其他昆虫的卵，把自己的卵产在里面，用别人的生命哺育自己的后代。小矮蜂的卵真是小极了，500万个矮蜂卵集中到一起才1克重。

世界上寿命最长的昆虫：几丁虫，它们中的一些种类仅幼年时期就长达30年以上。

世界上迁移最远的昆虫：苎麻赤蛱蝶，它们从北非迁移到冰岛，需要飞行6 000多千米。

世界上翅膀扇动最快的昆虫：摇蚊的翅膀扇动最快，每分钟约达63 000次。如果截去翅的尖端，放在华氏99度的温度下，它们翅膀扇动的速度可以达到每分钟13万次左右。

世界上翅膀扇动最慢的昆虫：黄凤蝶，每分钟扇动翅膀300次，而大多数蝴蝶的翅膀每分钟扇动500~600次。

世界上对农业危害最大的昆虫：蝗虫。1889年，一个巨大的蝗虫群覆盖了大约810公顷的地面，估计有2 500亿个体，约重55万吨。

世界上最大的蝴蝶：它们的翅膀展开时宽幅达30厘米。产于太平洋西南部的所罗门群岛和巴布亚新几内亚。

世界上最大的甲虫：亚马孙巨天牛和大牙天牛是世界上最大的甲虫，身长约18厘米。大牙天牛的角（长颚）是专为切割树枝设计的，它用锐利的角勾住枝条后就绕着树枝作360度旋转，直到把树枝锯断为止。

鞘翅目昆虫

鞘翅目在昆虫纲乃至整个生物界中的种类最多、分布最广。鞘翅目通称“甲虫”，前翅角质化为鞘翅，身体硬得像铠甲似的保护着虫体，使它们能够抵御自然界中的各种伤害。精巧的身体结构与广泛的适应性有利于它们成功占领陆地、空中和水中的各种生存环境，而成为昆虫纲中最大的一个目。

本目中许多种类是农林作物的主要害虫，与人类的经济利益关系十分密切，如蛴螬类、金针虫类（均属地下害虫），天牛类、吉丁类（均属蛀干类害虫），叶甲类、象甲类（均属食叶性害虫）以及许多其他的仓库害虫等。此外，还包括很多益虫，如捕食性瓢虫类、步行虫类及虎甲类等。

本目的主要特点是前翅为鞘翅，静止时覆在背上盖住中后胸的大部分甚至全部覆盖，也有无翅或短翅型的。成虫、幼虫均为咀嚼式口器，复眼发达，常无单眼。触角多为11节，形状多变。多为陆生，也有水生。食性各异，植食性包括很多害虫，捕食性多为益虫，还有不少为腐食性。幼虫多为寡足型，各龄间在形态和习性上又有进一步的分化现象——胸足通常发达，腹足退化。蛹为离蛹，卵多为圆形或圆球形。

甲虫是昆虫家族中较大的一群，大约有30万种，每3种昆虫中就有一种是甲虫，从极地到热带雨林，几乎每种栖息地都能看到甲虫的踪迹。甲虫有很多种，包括体长超过18厘米、生活在热带地区的“重量级”甲虫，还包括肉眼看不到的小甲虫。所有的甲虫都生有坚硬的前翅，称为“翅鞘”。翅鞘合拢时，能并在一起将甲虫的腹部盖住，并像外壳一样罩住后翅。这样，甲虫就可以四处爬动，而不会损伤用来飞行的后翅。甲虫多生活在陆地上和淡水中。

热带森林中生活着成千上万的甲虫，它们之间为了争夺地盘常会进行非常激烈的竞争。有些甲虫长着角，可以作为战斗武器。当两只雄甲虫的角缠在一起扭打时，极有可能是为了争夺领地或配偶。

多数甲虫是依靠嗅觉和触觉来感知周围环境的，比如长角甲虫，它们的眼睛很小，触角却很长，能够灵活地四处摆动来感觉周围的动静。

甲虫的食性很广，植物、真菌、昆虫和死掉的动物都是它们的食物。

天牛

天牛俗称“锯树郎”，种类很多，分布范围也很广，约有20 000多种，我国约有2 200种。

天牛力气大，躯体修长，体节、翅鞘均呈革质，并发出金属光泽。头部有一对长触角，具有触觉作用，触角的长度大多长于躯体，有的天牛种类的触角长度几乎是体长的5倍，而在相同种类中，雄虫的比雌虫的稍长。

天牛有一双很大的复眼，大到可以包住触角。它

们的口器十分发达，可以有力地咬啮植物。天牛的颜色多种多样，以色彩艳丽著称，但也有很多种类呈棕褐色，或分布有花斑，和树干的颜色很像，能起到隐蔽和保护自己的作用。

成虫雌性天牛将卵直接产入粗糙树皮的裂缝中或先将树干咬成刻槽，然后将卵产在刻槽内。待卵孵化以后，幼虫钻入茎内或树心，穿凿洞穴。天牛的幼虫为黄白色，无脚，形体弯曲，是啄木鸟的美食之一。天牛一般以幼虫越冬，或以成虫在蛹室内越冬，即上一年秋、冬时节羽化的成虫，留在蛹室内到第二年春、夏季才出来。成虫的寿命一般不长，10～60天，但在蛹室内越冬的成虫的寿命可能达到7～8个月。雄虫的寿命一般比雌虫短。不同种类成虫的活动时间是不相同的，有的在白天活动，有的在夜晚或阴天活动，或整晚都在活动。

大牙土天牛

大牙土天牛又名“大牙锯天牛”，分布于我国辽宁、河北、内蒙古、陕西、山西、甘肃、四川、山东等地。其大颚发达，触角呈锯齿状，比鞘翅略长，复眼后缘颊部膨大，前胸外缘具有2枚锯齿，表面光滑且背面明显隆起，雄性擅长飞行，雌性腹大而饱满，存有大量虫卵，大颚较雄性小，不能飞行。

大土牙天牛一年繁殖一代，以幼虫在土壤中过冬，成虫7月中下旬出现，降雨后大量从土中钻出，而后交尾，一头雄虫与多头雌虫交尾，雄虫交尾后死亡，雌虫产卵后死亡。雌虫产卵于土里，幼虫摄食禾本科作物的根茎。

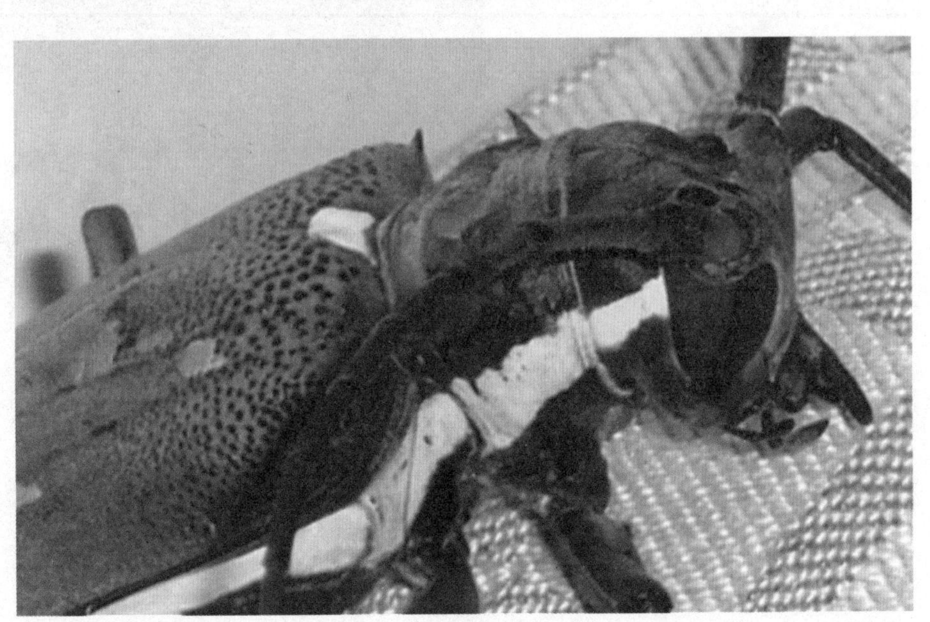

吉丁虫

吉丁虫的种类很多。成虫的大小、形状也因种类而异，小的体长不足1厘米，大的超过8厘米。体色一般都很鲜艳，具金属光泽的绿、红或蓝色，并带有条纹和斑点。吉丁虫的体型微扁，两侧平行的身体向后逐渐变细，有大的复眼和短的触角。头较小，触角短，足短。

成虫主要以花、花蜜和花粉为食。它们将卵产在树木内，幼虫在树木内挖洞藏身，也有的潜藏于树叶中。幼虫蛀食树木，严重时能使树皮爆裂，所以，也被称做“爆皮虫”，是危害林木、果木的主要对象之一。

吉丁虫的成虫是一种非常美丽的甲虫，它们的体表具有多种色彩的金属光泽，常被用来做装饰品，被人喻为“彩虹的眼睛”。日本人尤其喜爱吉丁虫，认为它们艳丽的鞘翅既能驱赶蚊虫，又能装饰房屋，所以常把它们的鞘翅镶嵌在家具上。

虽然成年吉丁虫异常美丽，但它们的幼虫却奇丑无比，多数幼虫穿孔于植物内部，前胸膨大，腹部细长，而且幼虫孵化后在茎秆皮下呈螺旋状向上蛀食。

成年吉丁虫喜欢阳光，通常栖息在树干的向阳部分，善于飞行，飞得又高又快，不易捕捉。但当它们栖息在树干上时，却很少爬动，行动迟缓。

锹甲虫

锹甲虫属鞘翅目锹甲科，世界范围内约有1 200多种。锹甲虫因为雄性锹甲虫的头部长有2只大角而得名。实际上，这不是角，而是突出成角状的颚（长达2厘米），形似牡鹿的角。大多数锹甲虫的角上有更细的分支和齿，角长和体长相当，可以将人手夹出血来。但有的颚太大，反而成了行动的累赘。雄性锹甲虫在争夺雌性时，常用强大的上颚搏斗，其上颚形状正好嵌合对手的前胸背板边缘，用以把对方抛翻在地。成虫多在夜间活动，以植物汁液为食。

锹甲虫的体长可达10厘米以上，身体为黑色或褐色。主要生活在林地里，热带地区比较常见。锹甲虫的上颚很发达，雄锹甲的上颚分叉，而且好斗，常常为争夺异性大打出手，但从未有过因打斗而致死的，因为它们上颚的肌肉很脆弱，撕咬的程度不足以杀死对手。但是，如果一只锹甲虫在打斗中被掀翻而导致腹部朝天的话，它自己是很难翻过身来的。在这种情况下，它就很容易被鸟类等天敌掠食。

雌性锹甲虫的颚则要小得多，但它们会狠狠地咬比它们大的敌人。它们通常会将卵产在烂木头上，幼虫以木头为食，3年后变成蛹，然后再变成成虫。

独角仙

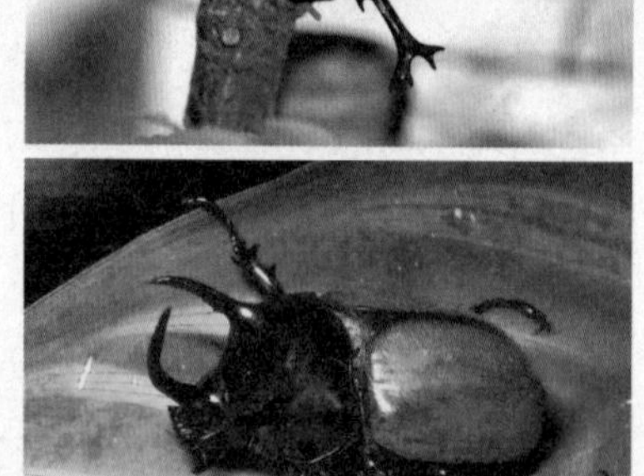

独角仙又称“双叉犀金龟”，因其胸部有一根刺状突起，故而得名。全世界共有独角仙1 400多种。我国独角仙的种类较贫乏，迄今仅记载30余种，常见于我国华东、华南地区。

独角仙雌、雄异型，雄虫头上有一个强大的双分叉角突，分叉部缓缓向后上方弯指。不包括头上的角，独角仙的体长可达35～60毫米，体宽18～38毫米，呈长椭圆形，脊面隆拱。雌虫体型略小，头上粗糙而无角突，但头面中间隆起，横列小突3个。前胸背板中央前半部有“Y”形洼纹。3对足强大有力，末端均有一对利爪，是攀爬的有力工具。

独角仙的幼虫生活在腐烂的木头或泥土中，以朽木、腐殖质为食；成虫则靠吸食树汁为生。

独角仙一年繁殖一代，成虫通常在每年6—8月出现，多为昼伏夜出，有一定的趋光性。雄性独角仙的真正对手是自己的同类。它们绝不容许其他的同性个体在自己的取食领地活动。战斗有时一触即发，有时又会相持很久。但若有异性的存在，战斗多会来得很快，战败者不是灰溜溜地逃走，就是在瞬间被掀下树去。

独角仙不仅具有一定的观赏价值，而且还具有一定的药用价值。入药的是雄性独角仙，人们常在夏季捕捉，有镇惊、破瘀止痛、攻毒及通便等功效。日本人非常崇拜独角仙，日本武士的头盔就是模仿独角仙的头部形状做成的。

虎甲

虎甲是鞘翅目虎甲科昆虫的统称，世界已知的约有2 000种，我国分布有100多种。

虎甲一般有鲜艳的颜色和斑斓的色斑，身体狭长。头大，复眼突出。触角呈丝状，共有11节。鞘翅很长，盖到整个腹部。有3对细长的胸足，行动敏捷。雄性前足第1~3跗节有毛，这也是雄虫和雌虫的一个重要区别。

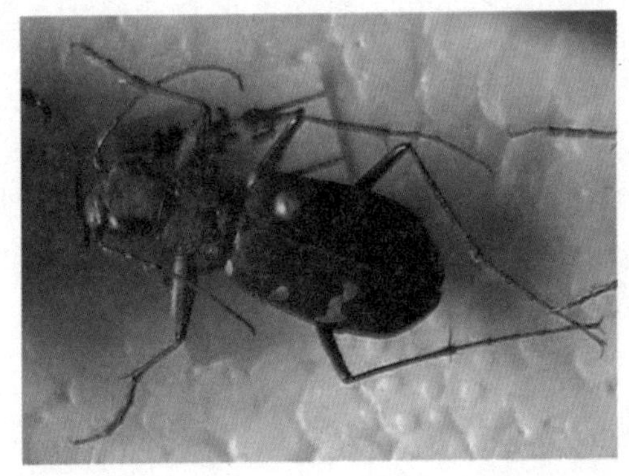

虎甲的幼虫头大，背部隆起，腹部弯曲，外形像骆驼，故有“骆驼虫”的称号。平时躲在洞底，捕食时向上爬至洞口，用背上的逆钩来固定身体，一对上颚露出洞外，当有小虫爬过洞口时，它们就会采取突然袭击，然后把小虫拖进洞里慢慢享用。这种“守株待兔”的捕食方法，

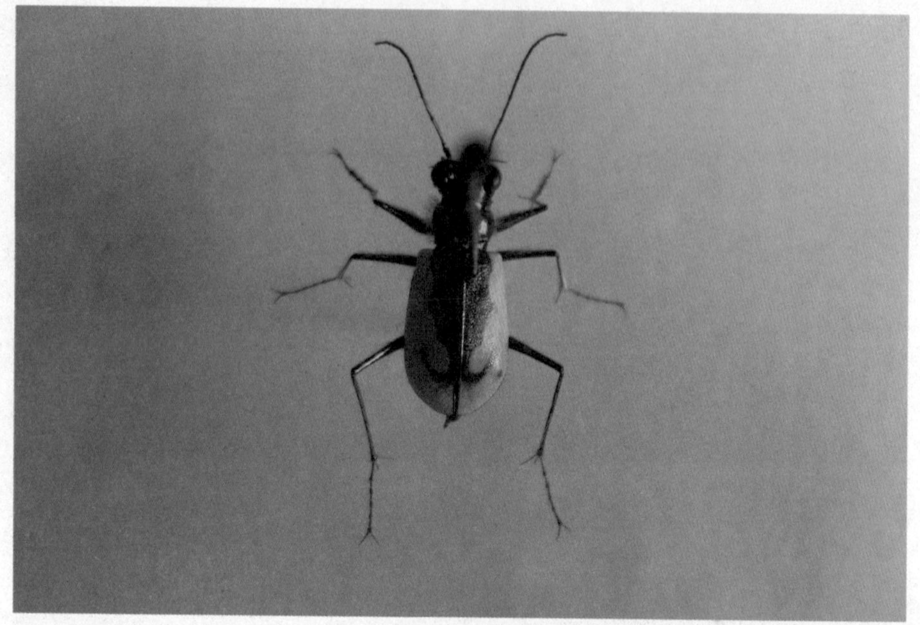

有时难免会挨饿。但它们很聪明，知道自投罗网的猎物不多，便想出了别的办法来引诱小动物。它们轻轻摆动露在洞口的上颚和触角，模仿小草摆动的姿态，以此来吸引小动物上钩。这种方法固然能增加一些猎食机会，但有时也会暴露自己，引来天敌。

虎甲也有一套奇特的自我保护方法。当遇到敌害攻击时，它们便会弯曲身体并迅速蠕动身上滑溜溜的长毛，快速躲进洞内。若被敌害拖住外露的上颚，它们则会利用腹背的逆钩，牢牢地钩住洞壁，使敌害难以将它们拉出洞去。

斑蝥

斑蝥属鞘翅目，也被称为“大斑芫菁”。生活中，我们常说的“斑蝥”实际上指的是芫菁科昆虫中的南方大斑蝥或黄黑小斑蝥。斑蝥主要产于我国河南、广西、四川、江苏、安徽、贵州、湖南、云南等地，其中以河南、广西的产量较大。

从形态上看，南方大斑蝥呈长圆形，长1.5～3厘米，宽0.5～1厘米。头及口器向下垂，有较大的复眼及触角各1

对，触角多已脱落。背部有一对黑色革质鞘翅，鞘翅上有3条黄色或棕黄色的横纹，鞘翅下面有呈棕褐色薄膜状透明的内翅2片。胸腹部为乌黑色，胸部有3对足，有特殊的臭气。

黄黑小斑蝥与南方大斑蝥的外形和体色相似，但体型相对较小。它们的主要区别在于黄黑小斑蝥每只翅膀的中部都有一个横贯全翅的黑横斑，左右两翅的弧状斑纹在翅缝处连合成一条横斑，弧形斑纹内又包围着一个黄色小圆斑，两侧相对，就像一双眼睛。在翅基外侧还有一个小黄斑，翅端部为黑色，头部无红斑。

另外，斑蝥具有复变态性，幼虫共6龄，以假蛹越冬。成虫4~5月开始危害庄稼，7~9月对庄稼的危害最为剧烈，喜欢集群活动，多取食大豆的花、叶，花生、茄子的叶片及棉花的芽、叶、花等。

斑蝥具有极大的药用价值。据《中国药典》记载，斑蝥的化学成分主要是斑蝥素、脂肪、树脂、蚁酸、色素等。芫菁科的昆虫几乎都含有斑蝥素这种化学成分，这也决定了它们具有相近的药性。斑蝥的毒性大，人食用后很容易中毒。

中药利用了斑蝥以毒攻毒的办法。临床用斑蝥素治疗慢性肝炎、原发性肝癌、肺癌、食道癌、直肠癌、乳腺癌等，具有一定疗效。还可与化疗、放疗配合使用，能提高疗效，使患者的白细胞数量不致严重下降。

萤火虫

夏日的夜晚，我们常能看到萤火虫，它们就像是夜空中闪烁的点点星火。萤火虫的身体长而扁平，体壁与鞘翅柔软，背部平坦，头部相对较小，触角分11节，呈锯齿状。

雄虫的翅鞘发达，后翅像把扇面，平时折叠在前翅下，只有在飞行时才伸展开；雌虫翅短或无翅，腹部第6~7节有发光器。发光器中含有萤光素、高能磷酸化合物ATP等物质，这些物质在荧光酶的催化下，同空气中的氧化合，就会发出光来。荧光素和荧光酶的比例不同，发光的颜色也就不一样。进入发光器的氧气数量不同，就会使其发出的光具有不同的亮度。另外，萤火虫有节奏的呼吸，就会形成明暗交替的“闪光”信号。

萤火虫所发出的光没有热量，科学上称此光为“冷光”。

其实，萤火虫发光是一种求偶行为。夏夜，在空中飞舞的雄萤火虫为了寻找异性伴侣，总会先发出短暂的闪光，如果附近草丛中的雌萤火虫也发出闪光，则表示接受对方。这时，雄萤火虫就会高兴地向雌萤火虫飞去，成为一对幸福的新婚夫妇。

小知识

萤火虫的变态

萤火虫也是一种完全变态的昆虫，属鞘翅目萤科，体长1~2厘米。萤火虫的一生也要经过卵、幼虫、蛹和成虫四个时期。每年的6—7月，是成虫交配繁殖的季节。交尾之后，雌虫会在潮湿的草丛中产下小圆卵。一个月后，卵孵化成幼虫，呈灰褐色，外形就像一只梭子，中间圆圆的，两端尖尖的，身体上下扁平。这时它的尾部已经具有发光的能力，像一个小亮点隐藏在草丛中。冬天，肥胖的幼虫会钻进地里过冬。春天，它们会爬出地面，首先会寻找食物补充体力，直到5月中旬才躲到地里化为蛹。经过20天左右，蛹变为成虫。成虫呈棕红色，胸部微红，体表色彩斑斓，身体每一节的边沿都点缀着两粒鲜红的斑点。多数种类的成年萤火虫终日不进食，急急忙忙地求偶、产卵，忙碌20天左右，它们短暂的一生也就结束了。

七星瓢虫

七星瓢虫是肉食性瓢虫的一种，因背部像葫芦瓢而得名。体长5~7毫米，背部拱起似半球，头呈黑色，顶端有两块淡黄色斑，前胸、足均呈黑色，足上密生细毛。鞘翅为红色或橙黄色，上面有7个黑斑，所以叫“七星瓢虫”。

七星瓢虫是捕食蚜虫的好手，它们特别喜欢吃棉蚜、麦蚜、菜蚜、桃蚜。成虫、幼虫均可捕食蚜虫、介壳虫等害虫，可大大减轻树木、瓜果及各种农作物遭受害虫损害的程度，被人们称为“活农药”。七星瓢虫在近80天的生命中可以取食上万只蚜虫。

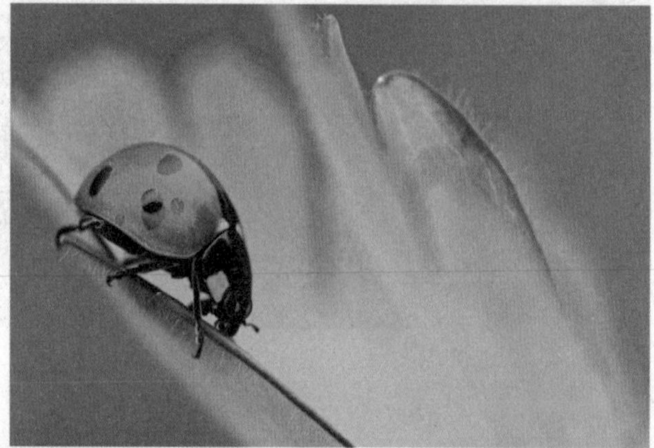

七星瓢虫有较强的自卫能力，虽然身体只有黄豆大小，但许多强敌都拿它们无可奈何。当遇到敌害侵袭时，它们的脚关节处能分泌一种极难闻的黄色液体，使敌人因难以忍受而仓皇退却、远离。它们还有一套装死的本领，当遇到强敌或危险时，它们会立即从树上落到地下，把3对足收缩在一起，一动不动，以瞒过敌人而求生。

象鼻虫

象鼻虫又称“象甲”，是鞘翅目昆虫中最大的一科，也是昆虫王国中种类最多的一种，全世界已知约有6万多种。

象鼻虫的成虫体态特殊，因为它们的口器延长呈象鼻状突出，因此被称做“头管”。有些种类的头管几乎和身体等长，十分奇特。大多数种类的象鼻虫都有翅，体长在0.1~10厘米之间。

除了口吻长外，触角生在口吻基部也是象鼻虫身体的一个特色。雌虫在产卵前，往往会先用口吻末端的口器在植物的组织上钻一个管状洞穴或横裂，然后再把卵产于植物的组织内。有些种类的象鼻虫可以不进行择偶交配就能产卵繁衍后代，它们是象鼻虫家族中的“单亲家庭”。

象鼻虫常吃棉花的芽和棉桃，并在棉花上产卵，是一种危害经济作物的有害昆虫。它们孵化出来的幼虫身体呈浅黄色，头部特别发达，能够钻入植物的根，或者蛀食植物的茎秆和果实。因此，刮大风的时候，农作物常会从受害部分折断。

豆芫菁

豆芫菁俗称“鸡冠虫”，也叫“红头娘”，属鞘翅目芫菁科。主要分布在我国福建、江西、湖南、云南、广西、四川、重庆等地。

豆芫菁体长22毫米左右。身体呈黑色，头部为卵圆形，呈红色，触角呈锯齿状，基部有一对光滑的瘤，与头部的颜色相同。鞘翅柔软狭长，两侧近于平行。

豆芫菁是常见的昆虫种类，成虫喜食豆科植物。在野外，常可以看到它们集群活动，并大量取食植株嫩叶和花，影响结实。豆芫菁成虫受惊扰常会迅速逃避或落地藏匿，并分泌黄褐色的有毒液体，这种液体中含有毒素，触及皮肤会导致红肿、起泡。

在昆虫王国里，同一种昆虫，其成虫和幼虫的食物往往会有很大差别。素食主义的芫菁成虫小时候竟然是寄生性肉食者。通常，芫菁的雌虫会随意地把卵产在地下，而有些种类的芫菁，幼虫孵化后，就会找蝗虫的卵块寄生，有的则会钻出地面，爬上花朵，伺机攀附在采蜜的蜜蜂身上，然后“偷渡”到蜂巢中，以蜜蜂的卵、幼虫、蛹及蜂蜜为食。

鳞翅目昆虫

全世界已知的鳞翅目昆虫约有20万种，我国已知的约有8 000余种。多分布于热带及温带地区，是昆虫纲中的第二大目。主要包括蛾、蝶两类昆虫，绝大多数种类的幼虫危害各类栽培植物，如棉铃虫、菜粉蝶、小菜蛾、桃小食心虫、苹果小卷叶蛾等。体型较大者常取食叶片或蛀食枝干；体型较小者往往卷叶、缀叶、结鞘、吐丝结网或钻入植物组织取食，危害作物。成虫多采食花蜜等来补充营养，或因口器退化不再取食。

鳞翅目昆虫的主要特点：成虫翅、体及附肢上布满鳞片；虹吸式口器；腹足多为5对，具趾钩，多能吐丝结茧或结网；幼虫多足型，除3对胸足外，一般在第3~6及第10腹节处各有腹足1对，腹足端部有趾钩；蛹为被蛹。

蝴蝶

蝴蝶的翅膀上有鳞片，这些彩色的鳞片互相堆积，形成了美丽的图案。不同的色彩和光线曲折，则会产生截然不同的样貌。蝴蝶的体色一般比较鲜艳，翅膀和身体上有各种花斑，头部有一对棒状或锤状触角（这是蝴蝶和蛾类的主要区别，蛾的触角形状多种多样）。

蝴蝶的幼虫绝大多数取食开花植物，其中许多是农林生产中的重要害虫，然

而蝴蝶成虫则以花蜜、水果以及植物的汁液等为食。它们生有长管状的口器，可以伸入花中觅食，同时还能传花授粉。

因为刚出生的幼虫个头太小，根本没有到远处捕食的能力。所以蝴蝶通常把卵产在靠近植物叶子的地方，这样刚孵出来的幼虫就可以轻松地得到食物。

蝴蝶可以通过视觉来辨认同类，但它们更多的则是依靠嗅觉。蝴蝶在空中用舞姿表达爱意，同时使用一种叫"信息素"的芳香化学物质来吸引异性。

蝴蝶是喜欢阳光的一类昆虫，多生活在气候温暖的地区，大量的蝴蝶和蛾类昆虫都具有极高的观赏价值。

蝴蝶的寿命长短不一，长的可达11个月，短的只有2~3个星期。在这段时间内，雄蝶忙着寻觅雌蝶交尾，雌蝶则忙于找寻寄主产卵，活动频繁。

据估计，地球上约分布有20万种蝴蝶，但真正被人类发现的种类只有12万种，而且每种蝴蝶都有自己独特的花纹。

因为人类对环境过度破坏，过度使用化学肥料、杀虫剂和触媒，已经大大破坏了蝴蝶的生存环境，所以许多物种正在逐渐消亡而许多目前还没被发现的种类将永远不再出现。

蝶类不是专门探花吸蜜的昆虫。不同种类的蝴蝶摄食的对象是不一样的，并且它们的食性非常广泛。有的蝴蝶喜欢吸食花蜜，有的蝴蝶则不吸食花蜜而喜欢吸食烂果或蛀树渗出的汁液等。

蝴蝶的变态

蝴蝶是一种非常漂亮的昆虫，但它们并不是从一出生就是这么美丽，而是要经历一个由“丑小鸭”到“白天鹅”的完全变态过程。

蝴蝶一次产卵的数量从几百个到几千个不等，卵呈球形或半球形，多散产于枝梢、芽苞、叶片等暴露的地方。卵的表面有的光滑，有的粗糙，有红、黄、蓝、绿、白等多种颜色。卵期一般来说都很短，夏季一般为3天，秋季一般为7~10天。卵在壳内发育到一定时期则会变为幼虫。幼虫体弱细长，表面很光滑，绝大多数对植物的种子或树木有危害。幼虫每蜕一次皮便会增加一个龄期，经过五个龄期便长大了。

当进入最后一个龄期时，幼虫便开始化蛹吐丝做蛹。

蛹期是蝴蝶的转变期，这个过程也被称为“羽化”。蛹期结束时，蝴蝶便会破蛹而出，一只体态优美、色彩斑斓的蝴蝶就这样产生了。蝴蝶的生命从产卵开始，经过幼虫、蛹期到成蝶死亡，长的达1年，短的仅1个月，而从羽化到死亡只有短短7天时间。这段时间对蝴蝶来说是极其宝贵的，因为在这短暂的7天中，它们既要忙着获取营养，又要忙着寻找异性交配、产卵，以繁衍后代，延续种族。

蝴蝶变态的过程中充满了许多危险，为了能够生存下来，成虫、毛虫或蛹都有独特的自我保护方法，依靠身上的刺状鳞甲或摆出威胁性的动作来吓退进攻者，成虫则以自身的警戒色来警告敌人。

向太阳取暖

蝴蝶是一种变温动物，它们的体温是随着周围环境温度的变化而变化的，因此，蝴蝶的生命活动直接受到外界温度的支配，当温度降低时，它们的活动也就会停止。

在早春或深秋的清晨，我们常能见到一些蝴蝶张开了翅膀，面向太阳取暖，等到体温上升到各自需要的活动始点时，它们才会开始活动。这种现象若到3 000～4 000米的高山上去观察，可以看得更清楚。当阳光照射到大地上时，各种各样的蝴蝶都在活跃地四处飞舞。如果太阳忽然被云层遮住，蝴蝶的活动也就会立刻停止。刹那间，我们甚至连一只蝴蝶的踪影都看不到。而当太阳重新照射时，它们又会像之前一样活跃，像这样有规律地一次又一次地重演，真的非常有趣。

蝴蝶的生活区域

各种蝴蝶生命活动的特性都不尽相同，而且同一种类的雌雄个体之间，也可能具有不同的习性。雌蝶通常都徘徊在寄生植物生长地的附近，活动范围比较狭窄，这种习性在高山地带表现得尤为突出，这是因为植物的分布与海拔高度密切相关。至于雄蝶，即使在山地，它们的活动范围也要广阔得多。

山峰之巅是多种蝴蝶的聚集场所，此外，深沟峡谷的隘道也是蝴蝶经常活动的地方。这里还应该看到，也有许多蝴蝶的活动范围是非常狭小的，它们似乎不愿意离开家门一步，而甘愿局限在一个“小天地”内生活。

大凤蝶

大凤蝶分布于从南至北的低海拔地区，为常见蝶种，日本及东南亚地区也可见到。它们的幼虫主要以芸香科柑橘类的叶子为食。雌蝶可以分为有尾突和无尾突2种，其颜色、斑纹变化较大，不同个体间有明显的差别，所以有人称它们为“蝴蝶中的魔术师”。雄蝶背面为黑色并泛天鹅绒般的光泽，后翅布满了蓝灰色的条状斑纹，没有白色斑块，这与雌蝶差异极大，该特征也是它们与黑凤蝶的区别之一。大凤蝶一年四季都能见到，但在北方，大凤蝶在夏季出现的频率最高。

小知识

蝴蝶睡觉的地方

大多数蝴蝶都是单独休眠的，但也有一些蝴蝶喜欢集体栖息。不同种类的蝴蝶选择的栖息地也不相同：朴喙蝶喜欢在枯枝的梢头安睡；柑橘凤蝶多半在植物叶下栖息；丝网蛱蝶则睡在悬崖峭壁上；很多眼蝶干脆就伏在草地上。

金凤蝶

金凤蝶，又叫“黄凤蝶”，翅展为85毫米左右。翅为金黄色，翅脉为黑色。前翅外缘具黑色宽带，其间排列有8个黄色斑点；翅基为黑色，上面布满了黄色鳞片，中室端部有2个黑斑，后翅外缘也有黑色宽带，带中间有6个黄色新月斑及由蓝色鳞片组成的一列圆斑，臀角处有1个橙色圆斑。

金凤蝶的幼虫主要以伞形花科植物为食，如茴香、胡萝卜等，所以俗名也叫“茴香凤蝶”或“胡萝卜凤蝶”。它们的幼虫在藏医药典里被称为“茴香虫”，夏季可以在茴香等伞形科植物上捕捉，以酒醉死，焙干研成粉，备用，有理气、止痛和止呃等功能，主治胃痛、小肠疝气及膈痉挛等症。

灰蝶

灰蝶是所有蝴蝶中体型最为娇小的一种，翅展约16毫米，外观上有两个很容易辨识的特征：一是大部分小灰蝶的黑色复眼四周有一圈白色的鳞片，看起来像是戴着一副白框的太阳眼镜；二是其触角多呈黑白相间的对比色。

另外，一部分小灰蝶的下翅有1~2对细长的尾状突起，且尾突基部还有眼纹的构造。灰蝶的名字可能会让人以为它们的体色一定很灰暗，其实并不是这样的，由于灰蝶的种类繁多，外观变化大，常有橙、红、蓝、紫、黄、青、绿等多种颜色，许多中、高海拔地区的小灰蝶的外表是十分艳丽的。

菜粉蝶

菜粉蝶属鳞翅目粉蝶科，原产于欧洲。由于它们的繁殖速度极快，有些地区，1年内甚至可以繁殖7~8代，再加上它们的生命力顽强，所以数量上升极快。现在除了南极洲外，各大洲都能看到它们的身影，菜粉蝶是世界上数量最多的蝴蝶之一。

菜粉蝶成虫翅展约为55毫米，翅面和脉纹为白色。身体呈灰黑色，翅为白色，顶角为黑色，鳞粉细密。前翅基部为灰黑色，后翅前缘有一个不规则的黑斑，后翅底面呈淡粉黄色。菜粉蝶常有雌、雄二型，更有季节二型的现象。因为生活环境的不同，它们的色泽有深有浅，斑纹有大有小。通常在高温下生长的个体，翅面上的黑斑色泽深沉而翅里的黄鳞色泽鲜艳；反之，在低温条件下发育成长的个体则黑鳞少而斑型小，或完全消失。

菜粉蝶以多种植物为食，并主要危害农田中的十字花科蔬菜，尤其是芥蓝、甘蓝、花椰菜等。它们的幼虫——菜青虫以卷心菜及类似的植物为食，属于农作物的害虫之一。

黑脉金斑蝶，又称“王蝶”，其体表的颜色非常鲜艳，个体较大。它们能从所吃的马利筋等植物中吸取毒汁，并储藏在体内。通常情况下，鲜艳的体色能对天敌起到一定的警戒作用，然而一些鸟类有时会冒险捕捉那些有鲜艳警戒色的蝴蝶，这时，它们体内的毒汁就可以杀死敌人，和它们同归于尽。黑脉金斑蝶也是飞行能手，在北美，它们每年要在墨西哥的冬季住所和南方遥远的繁殖地之间往返飞行3 000多千米。

眼蝶

眼蝶的翅膀颜色黯淡，前翅上面有2个眼点，酷似2只眼睛，这也是它们名称的由来。但是，它们的眼点太小，很难将捕食者吓跑。然而，眼蝶可以用它们充当诱饵，引诱鸟类去啄击眼点而放过它们的身体，从而获得逃生的机会。眼蝶通常会将卵产在草地上，有时甚至还会在飞行中产卵。

眼蝶毛虫的全身呈嫩绿色，便于在觅食时进行伪装。

枯叶蝶

枯叶蛱蝶，简称“枯叶蝶”，主要分布在我国的西南、华东、华南等地区。翅展为85~110毫米。翅为褐色或紫褐色，有藏青色的光泽，两翅的亚缘均有一条深色波状的横线。前翅顶角尖，中域有一条宽的黄白色斜带。后翅具尾状突起，翅反面呈枯叶色，静息时从前翅顶角至后翅臀角处有一条深褐色的横线，加上几条斜线和斑块、斑点，酷似

枯叶。翅反面的色泽线纹因个体和季节的不同而有差异，但均呈枯叶状。

枯叶蝶的独特颜色使它们在树上不易被敌害发现，在生物学上，这叫做“拟态”。枯叶蝶最令人称奇的地方在于它们翅膀腹面的花纹可以模仿所栖息树木上树叶的叶脉结构和花纹，颜色与枯叶非常接近，翅膀边缘也有枯叶一样的锯齿状，拟态的程度简直达到了出神入化的境界。然而，枯叶蝶翅膀背面的颜色很鲜艳，在空中拍打、飞行时显得很漂亮。

枯叶蝶作为世界著名的拟态昆虫，为各国收藏家所珍爱。枯叶蝶多在林间的空地上活动，飞行速度较快，静止时常张开双翅，显现出艳丽的翅面花纹，但在受到惊吓时或黄昏时分会将翅竖立起来，就像一片枯叶而使人或其他动物全然不觉。

小红蛱蝶

小红蛱蝶又名“赤蛱蝶”，属鳞翅目蛱蝶科。在我国各地均有分布，欧洲、非洲、美洲也有分布。

小红蛱蝶成蝶体长约16毫米，翅展为54毫米左右。前翅为黑褐色，正面半部为棕黑色，亚顶部有很多白色斑点，在赭橙色的中域区有3个呈棕黑色且不规则的斑点，它们相连而组成一条斜带，基部为浅棕色。后翅端部呈橙红色，外缘、亚缘和后中域均有黑棕色斑列，基部为淡棕色。

小红蛱蝶一年繁殖多代，雌虫将卵产在寄生植物的叶面或芽顶，幼虫栖息在几片用丝黏起来的叶子做成的虫巢内。成虫飞行迅速，在阴天或阳光不强时出巢觅食，主要以植物的叶片为食，有时甚至能将叶片吃成网状。

小知识

蝴蝶不用鼻子寻花香

在温暖的春日里，只要在有花的地方我们就能看见美丽的蝴蝶。那么，究竟是什么吸引了蝴蝶，是花香吗？其实，真正吸引蝴蝶的是花瓣的紫外线。别看蝴蝶整天在花丛中穿梭，其实它们是“色盲”，不能分辨颜色，而只能分辨出紫外线的强弱。在蝴蝶的眼里，大部分花朵都是深色的，而深色花朵的紫外线要比周围环境的紫外线强，所以显得格外明亮，于是蝴蝶就被吸引过来了。

蝴蝶与蛾有一样东西是其他昆虫所没有的——翅膀上的鳞片。数以千计的微小鳞片精致地排列在蝴蝶的翅膀上，使翅膀看上去非常漂亮。当遇到危险时，蝴蝶的翅膀就会闪耀出亮丽的色彩以吓退敌人。人们还利用蝴蝶鳞片的闪光原理，制造出了能闪光的服装。

蛾

蛾类与蝶类同属鳞翅目，显然是一个大家族中的近亲，但蛾类成员的数量要远远多于蝶类，约是蝶类的9倍，中国记录的蛾类有近7 000种。蛾类身体表面的色泽通常都比较暗淡，但也有不少色泽鲜艳的个体。它们的触角通常呈羽毛状，而非棒状，静止时，飞蛾常会将翅膀水平展开。蛾类的卵多为绿色、白色和黄色，通常有2种形状：一类为椭圆形或扁形，另一类为瓶形、圆锥形、半球形、球形、鼓形。卵散产于寄生植物上或土内，少数产于叶内。飞蛾都是晚上出来活动，因为它们有良好的嗅觉和听觉，所以能适应夜行生活。

小知识

不吃不喝的蛾

杨树蚕蛾和天蚕蛾变成飞蛾以后，就不会再进食了。在它们3～4个月生命历程里，只能靠幼年时期储存的能量来维持生命。当能量消耗殆尽，它们的生命也就走到了尽头。

夜蛾

夜蛾属于鳞翅目夜蛾科昆虫，共20 000多种，在世界范围内分布广泛。

夜蛾体型中等，但不同种类之间可能会有较大差别，小型个体的翅展仅10毫米左右，大型个体的翅展可达130毫米。成虫口器发达，下唇须有镰形、钩形、椎形、三角形等多种形状，少数种类的下唇须极长，可上弯到达胸背部。口器发达，静止时呈卷曲状，只有少数种类的口器已经退化。复眼呈半球形，少数为肾形。触角有线形、锯齿形、栉形等。额光滑或有突起。翅膀的颜色大多比较暗，热带地区的种类则

比较鲜艳。

夜晚，夜蛾喜欢绕着火光飞舞，人类称它们的幼虫为“夜盗虫”或“切根虫”，因为这些幼虫特别喜欢在夜间出来活动，会啃咬农作物的根茎，对农作物的生长极为不利，属于害虫。

小知识

夜蛾与反雷达系统

夜蛾在现代仿生学中，特别是在现代战争中也起过举足轻重的作用，最典型的就是因为它们具有十分高超的反声雷达本领，而受到军事仿生学家们的青睐。

夜深人静时，一只蝙蝠正在四处寻觅食物。当它发现夜蛾时，叫声的频率会突然增加，这是为了把目标保持在它的探测范围之内，就像扫描雷达捕捉到目标后会自动增加发射脉冲数一样。

然而，蝙蝠叫声频率的升高就像是一种警报，这种警报也只有夜蛾才能感觉到。听到“警报”的夜蛾知道蝙蝠已经发现了自己，于是趁蝙蝠离得还远，不慌不忙地逃走了。夜蛾之所以有这样的本领，完全归功于它们高超的反声纳技术。

夜蛾的反声纳技术来自于其特殊的耳朵——鼓膜器。鼓膜器长在夜蛾胸腹之间的凹处，里面有两个听觉细胞和一些鼓膜神经，它们专门用来接收超声波信号，甚至连超声波信号的变化都能感觉出来。

当专门捕捉飞虫的蝙蝠离夜蛾还比较远时发现了夜蛾，它们那突

然升高的叫声频率帮助了夜蛾。如果蝙蝠发现夜蛾时已经离夜蛾很近了，那也不容易捉到夜蛾，为什么呢？

原来，当蝙蝠离夜蛾很近时，夜蛾的鼓膜器里的神经脉冲就会达到饱和频率，这就相当于“通知”夜蛾：“情况已经十分危急”。这时，夜蛾便会采取诸如翻筋斗、兜圈子、螺旋下降或干脆收起翅膀，一个倒栽葱落到地面的草丛中等紧急措施。这一连串的动作往往能成功地干扰蝙蝠的超声波定向，使蝙蝠失去目标。

这还不够，夜蛾如果想彻底摆脱蝙蝠的“魔爪”，还得使用另外的“秘密武器”，那就是它们的反声纳装置。这个装置是卡在其足部关节上的一个振动器，可以发出一连串的“咔嚓声”，这种声音就是专门破坏蝙蝠的超声波定位的。

另外，夜蛾身上厚厚的绒毛也是它们的“武器”，这层绒毛可以吸收超声波，使蝙蝠收不到足够的回声，从而大大缩小了蝙蝠声纳的作用距离。

根据夜蛾这个反探测系统，军事仿生学家们制成了反雷达系统，并将其运用到现代战争中。虽然其精巧性和灵敏度远远不如夜蛾，但也足以成功干扰对手的雷达系统。

英国皇家空军的一个执行电子干扰任务的部队特地用夜蛾作为队徽的标志，以显示夜蛾与现代空军的关系。

枯叶蛾

夏夜的路灯下，我们总能或多或少地看到一些虫子围着灯光飞舞，当然其中少不了喜欢“扑灯”的飞蛾。如果它们飞累了停下来，若注意观察就会发现这些蛾子像是从树上掉下来的黄叶，这便是枯叶蛾。

枯叶蛾是对昆虫纲鳞翅目枯叶蛾科的通称。触角呈双栉齿状，雄虫的栉齿较长。成虫口器退化，不再进食。体型粗壮，中至大型的蛾类，不少种类静止时因斑纹呈枯叶状而得名。幼虫化蛹前先织成丝茧，故又有“茧蛾”之称。枯叶蛾分布广泛，全世界已知的约有2 000种，以热带居多，中国约分布有200种。体粗多厚毛，大多在夜间活动。雌、雄异形，雌蛾笨拙，雄蛾活泼并且具有较强的飞行能力。

多种枯叶蛾幼虫具有毒针毛，此类针毛多密生于中胸与后胸背面的黑褐色横纹部，受刺激时，将头部向腹面弯曲，向前方突出毒针密生部，毒针毛的长度在

0.063~0.137毫米之间，放在皮肤上并无任何感觉。但是经过摩擦而刺入皮肤，不久便会有瘙痒刺痛感，并会生出很多点状红斑，引起红肿，严重时甚至还会发烧，不久数个红斑融合呈荨麻疹状，此种痛痒通常会持续2~3周。毒针若不慎入眼，则可能会引起角、结膜炎。因此，在野外见到毛毛虫时，千万要注意避免用皮肤直接接触。另外，茧的外侧也附着毒针，与茧接触时也可能会受到伤害。

豆天蛾

豆天蛾又叫“豆虫”，是大豆生长过程中的暴发性害虫。豆天蛾主要分布在我国黄淮流域、长江流域及华南地区，主要寄生在大豆、绿豆、豇豆和刺槐等植物上。豆天蛾的天敌有瓢虫、赤眼蜂、寄生蝇、草蛉等。

从形态上看，豆天蛾成虫的身体呈黄褐色，头、胸呈暗紫色。体长4~5厘米，前翅狭长，由深浅两色组成，后翅小，为暗褐色。幼虫的头顶宽而圆，体色黄绿。蛹体长4~5厘米，为红褐色，呈纺锤形。可见，豆天蛾也是一种变态发育的昆虫。

豆天蛾成虫常昼伏夜出，白天栖息于生长茂盛的作物茎秆的中部，傍晚开始活动。善于飞行，可作远距离高飞。喜食花蜜。卵多散产于豆株叶背面，少数产在叶正面和茎秆上。每片叶上可产1~2粒卵。

豆天蛾是一种农业害虫，主要体现在幼虫以豆叶为食，轻则食成孔洞和缺口，重则将豆株吃成光杆，严重影响大豆产量。豆天蛾每年繁殖1~2代，一般黄淮流域发生1代，长江流域和华南地区发生2代。

豆天蛾虽然是一种害虫，但是也有其可贵的一面。在江苏，人们会在大豆地里放养豆天蛾。由于放养了豆天蛾，不能在大豆地里喷农药，虽然黄豆的产量略有减产（约10%），但每亩多收了20~30千克的豆天蛾幼虫，而每千克豆天蛾幼虫的市场价在20元左右。因此，每亩可增收几百元。不仅节省了农药费用，而且生产的大豆还是没有农药残留的健康食品。

鳞翅目昆虫逃脱敌人追捕的办法

蝴蝶和蛾都是鳞翅目昆虫。蝴蝶飞得不快，又异常美丽，所以，许多鸟类都喜欢捕捉蝴蝶。不过，蝴蝶也有对付敌人的办法。它们在逃跑时，总是会突然改变飞行的方向，令习惯于直线飞行的对手们眼花缭乱，往往无功而返。

南美洲有一种飞蛾，为了摆脱天敌的追捕，有一种令人叫绝的方法：它们在身体的尾部，也长出一个“头”，和真正的头一模一样。在这个假头上，甚至还长出了感觉器官。和蝴蝶以及其他飞蛾比起来，这种“双头”飞蛾逃脱追捕的机会至少多出了50%。

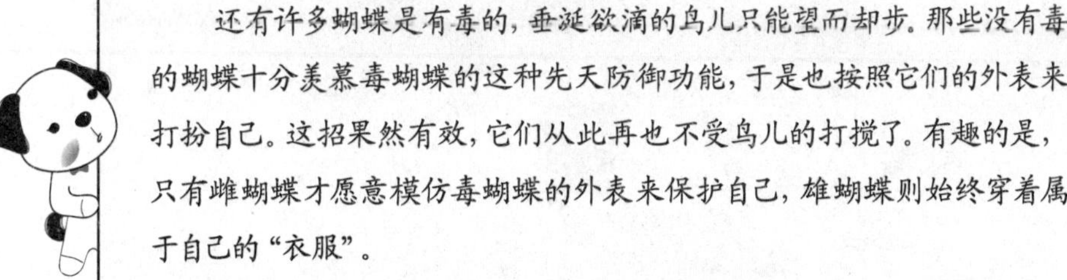

还有许多蝴蝶是有毒的，垂涎欲滴的鸟儿只能望而却步。那些没有毒的蝴蝶十分羡慕毒蝴蝶的这种先天防御功能，于是也按照它们的外表来打扮自己。这招果然有效，它们从此再也不受鸟儿的打搅了。有趣的是，只有雌蝴蝶才愿意模仿毒蝴蝶的外表来保护自己，雄蝴蝶则始终穿着属于自己的“衣服”。

蚕

蚕的身体分为头部、胸部、腹部，共有13节。头部有口和6对单眼，胸部有3对尾端尖突的脚，腹部有4对圆形肉质的脚及1对尾脚，腹脚可以帮助蚕在桑叶上灵活地爬行，其身体两侧有用于呼吸的气孔。

蚕除了特别爱吃桑叶，也喜欢吃其他植物的叶子，如拓叶、榆叶、

生兰叶等。蚕宝宝每隔7天就会休眠一次，不吃不喝也不动，休眠之后，就开始蜕皮，每蜕皮一次，蚕就长大1岁，蜕四次皮就成为5龄蚕。

原来，蚕的外皮是由几丁质构成的，无法随着蚕身体的长大而长大，所以每次休眠后，它们就会蜕皮换上新衣。当蚕蜕过4次皮，成为5龄蚕后，就开始准备吐丝结茧了。一只蚕所吐的丝，其长度可达1 000~1 500米。蚕结茧吐丝后在茧中进行最后一次蜕皮成为蛹，最后羽化成蚕蛾破茧而出。

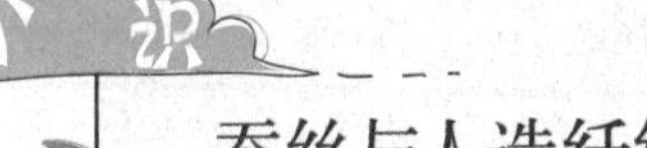

蚕丝与人造纤维

科学家们根据蚕吐丝的原理发明了“人造纤维”。

1855年的一天，法国化学家奥德马尔目不转睛地盯着一只春蚕，他想：如果知道了蚕是怎样“制造”出丝的，那人工合成纤维就很容易了。通过观察，奥德马尔发现：蚕吃过桑叶之后，首先会在肚子里形成某种黏液，然后再把这种黏液从口中吐出，黏液一遇到空气就会凝固成丝。经过多次试验，奥德马尔开始在实验室里尝试人造纤维……终于，他发明了世界上第一根“人造纤维”。

毛虫

全世界的毛虫约有十几万种，我们常见的毛虫多数为蝶或蛾的幼虫。这些幼虫的身体都很柔软、动作比较缓慢。它们喜欢群居，因为群居中的毛虫比离群者的生长速度更快。群居中的毛虫，彼此的身体会经常摩擦产生热量，体温也会随之升高，从而加快生长速度。

大多数毛虫的自我防御能力较差，但遇到敌害时，它们也会利用各种方法来保护自己，如利用保护色、毒液等。

有一种毛虫叫“鸟粪毛虫”，它们通过将自己伪装成鸟粪来避免成为捕食者的美餐。此外，还有一些毛虫擅长从植物中获取毒素，从而拥有令人致命的毒刺。当情况危急时，毛虫会做出凶恶无比的假象以阻止敌人的进攻，即使是非常饥饿的鸟类，也不敢轻易招惹它们。

地球上最可怕的毛虫生活在夏威夷，它们不再是猎物，而是非常狡猾的“杀手”。常常会借助天衣无缝的伪装让自己由猎物摇身变成猎手，它们也是世界上唯一吃肉的毛虫。

毛虫的眼睛

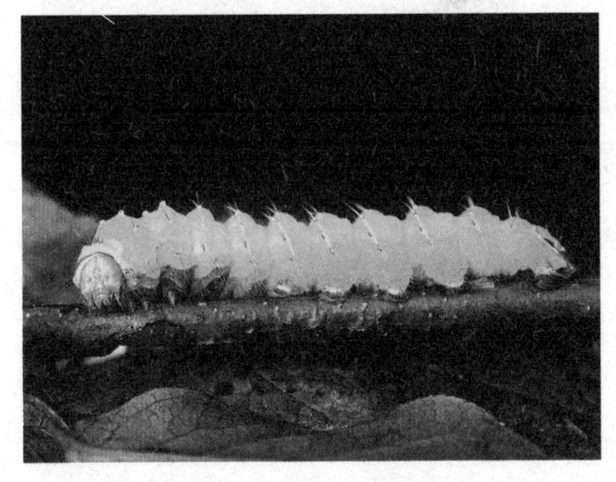

昆虫的眼睛一般有2种：单眼和复眼。单眼只能感受光线的明暗，复眼由数百只透镜般的小眼组成，具有超常的视力。而毛虫只有单眼，它们不需要费力地去寻找食物，因为成虫在幼虫出生之前就已经为它们准备好了充足的食物。所以它们并不需要太好的视力，单眼对它们来说已经够用了。

毛虫的颚

毛虫的颚十分有力，能轻松地咬开植物的组织。它们的颚上生有牙齿，当颚合上的时候，牙齿便交错地咬合在一起。有些毛虫的颚像两把锉刀一样，可以将植物的叶子磨碎。

毛虫的足

毛虫的胸部长着3对足。但毛虫还长有5对叫做“腹足”的伪足，这是从腹部生出的肌肉，当毛虫进食的时候，腹足用来把植物抓牢。

毛虫的成长

毛虫在孵化出来后往往会先把自己的卵壳吃掉，卵壳为毛虫提供了第一顿极富营养的美餐。在之后的日子里，毛虫开始吃植物的叶子，并不断地进行脱皮。它们的身体逐渐长大，在几个星期内，毛虫的体重就会增加100倍左右。最后，它们变成蛹，静静地等待自己变成成虫破蛹而出。

毛虫的毒刺

红带毒蝶毛虫身体上的刺是有毒的。它们因吃西番莲的叶子，身体里注入了毒素，身上的毒刺常使鸟类望而却步。

毛虫的自我保护

很多鸟类喜欢吃毛虫，毛虫则常以拟态或保护色来自卫，也就是伪装成与周围环境相似的形态或颜色，以逃过鸟类的捕食。毛虫运用拟态与保护色，虽然很难被发现，可是聪明的鸟类还是能在毛虫刚吃过的残叶附近找到它们的踪迹。

有些毛虫比鸟类还聪明，它们在吃树叶时，若不能把树叶整片吃光，就把吃剩的叶片与叶柄咬断，根本不留下任何进食的痕迹，让鸟类找不到。

而有些毛虫则会在白天隐藏起来，晚上再出来觅食。

会排队的毛虫

最有趣的毛虫是生长在松树上的枯树毛虫。它们集体吐丝在松树上结网为巢。每当黄昏时分，它们就会倾巢而出，列队爬过树干，去吃那些汁液充足的松叶。把一棵松树的叶子吃完后，再吃另一棵。

这些毛虫在走动时，有一种互相跟随的本能，头头走在前面，后面紧跟着一条条的毛虫，秩序井然。根据观察记录，最长的队伍达12米，由300条松树毛虫组成。走在前面的头头，一边爬行，一边不断地吐出一条丝。它走到哪里，丝就吐到哪里，其吐丝铺路的目的，就是不论走多远，都能顺着丝路回巢，而不会迷路。

法国昆虫学家法布尔曾对松树毛虫做过一项实验，他将一队毛虫引到一个高大的花盆上，等全队毛虫爬上去时，法布尔就用布把花盆上四周的丝擦掉。这样一来，毛虫马上就迷路了，整队毛虫老是在花盆边缘上绕圈圈。它们一圈一圈地走，认为只要有丝路在，就没有迷路。如此走了七天七夜，终因精疲力竭而亡。

毛毛虫变成蝴蝶的过程

蝴蝶的一生是从卵开始的。毛毛虫从卵里孵化出来，会先吃掉卵壳，再去吃植物，并迅速长大。每隔一段时间，毛毛虫就会蜕一次皮，换上更宽松的表皮，一般来说总共要蜕4次皮。毛毛虫长大之后，就会选择地点来吐丝，以固定自己的身体，蜕皮化成蛹。蛹一般经过数天就会变成蝴蝶，蝴蝶也叫“成虫”。成虫的主要任务是产卵，然后卵又发育成幼虫、蛹、成虫，就这样，蝴蝶在大自然中一代代地延续下来。

尺蠖

尺蠖属昆虫纲鳞翅目，为尺蛾科昆虫幼虫的统称。全世界约有12 000种，我国约分布有43种。

尺蠖幼虫的身体细长，行动时一屈一伸像个拱桥，休息时，身体能斜向伸直如枝状。成虫翅大，身体细长有短毛，触角为丝状或羽状。

幼虫主要危害茶树、桑树、棉花和林木等，如茶尺蠖的幼虫食害叶片，严重时还会造成树木光秃。静止时，常用腹足和尾足抓住树枝，使虫体向前斜伸，颇像一个枯枝，受惊时即吐丝下垂。

与其他大多数昆虫一样，尺蠖的一生会经历4个虫态：卵、幼虫、蛹和成虫。一年发生4代，在松土的表层中化蛹，以蛹越冬，常在4月底或5月初出现。从卵中孵化的小幼虫为1龄，以后蜕5次皮，每蜕一次皮增加一个龄期，共有6龄。1～4龄的幼虫个体小，取食量也少；5～6龄的幼虫，个体增大，食量也飞速增长，5～6龄的幼虫取食量占整个幼虫期的93%。幼虫的身体呈淡绿色，常常暴露在外，动物特别是各种鸟类捕食尺蠖，也有蚂蚁、步甲、寄生蝇等捕食或寄生幼虫和卵。

有些栖息在槐树上的尺蠖被称为“槐尺蠖”，我们可以猜想有些地方的槐尺蠖会陷入困境。如马路边的槐树，由于四周铺满了水泥砖，仅树根周围留有一个方形的口子，或者槐树周围的土很硬，即使树上的幼虫成熟了，也没法入土化蛹，如果在地面上化蛹，蛹存活的可能性几乎为零。事实也是如此，有些幼虫在地面化蛹，日晒雨淋，存活率很低。

膜翅目昆虫

膜翅目昆虫在全世界已知约有12万种，中国已知2 300余种，是昆虫纲中第3个大目、最高等的类群。广泛分布于世界各地，以热带和亚热带地区的种类最多。它们是仅次于鞘翅目、鳞翅目而居第三位的大目。其中除少数为植食性害虫，如叶蜂类、树蜂类等，大多数为肉食性益虫，如寄生蜂类、捕食性蜂类等。

本目的主要特点：有2对翅，呈膜质，前翅一般比后翅大，后翅前缘有一排小翅钩列，咀嚼式或嚼吸式口器，腹部第一节多向前并入后胸（称为“并胸腹节”），且常与第二腹节间形成细腰。雌虫一般有锯状或针状产卵器，触角多为膝状，足跗节为5节，无尾须。幼虫有两类：一类为无足型，一类为多足型。蛹为离蛹，一般有茧。

蜜蜂

蜜蜂属于节肢动物门，昆虫纲膜翅目蜜蜂科。它们喜欢群居生活，成千上万只蜜蜂常会结合成一群。每一群中只有1只专门负责生殖的雌性蜂王，另外还有大约2 500只身体比蜂王小一些的雄蜂，专门负责与蜂王交配。蜂群中大部分是工蜂，约有5万只，它们专门负责建造蜂房、采集花粉、酿蜜、饲养幼虫。蜂巢是由蜂蜡构成的，分成很多个正六边形的小室。小室里分别放有卵、幼虫以及储存的花粉和花蜜。蜂房边缘有一个特殊的巢室叫做“王台”，这个巢室的用途是培育未来的蜂后。蜂后巢室里幼虫的食物是蜂王浆，蜂王浆产自工蜂头上的腺体。

蜜蜂能够生产蜂蜜、蜂乳、蜂蜡等，还能为农作物授粉，提高作物产量，因此，蜜蜂是一种对人类很有益处的动物。

人工养殖的蜜蜂大都住在木箱子里，而野蜜蜂则住在墙洞、树洞里。虽然它们的体型较小，但却能够飞到几千米以外的地方去采集百花的花粉来酿造蜂蜜。那么，它们是怎么知道哪里有花蜜的呢？

在春暖花开的温暖季节，专门负责侦查工作的侦察蜂就会到外面寻找蜜源，找

到了蜜源就会飞回来以一种特殊的舞蹈告诉其他工蜂蜜源的位置。然后工蜂就会一起飞到侦查蜂所说的地方去采蜜。

通常情况下，一只工蜂一天要外出采蜜40多次，每次约采100朵花，但采到的花蜜只能酿0.5克蜂蜜。如果要酿1千克蜂蜜，而蜂房和蜜源的距离为1.5千米的话，它们几乎要飞行12万千米的路程，差不多等于绕地球飞行了3圈。

采集花蜜的过程很辛苦，把花蜜酿成蜂蜜也不轻松。所有的工蜂会先把采来的花朵甜汁吐到一个空的蜂房中，到了晚上，再把甜汁吸到自己的蜜胃里进行调制，然后再吐出来，再吞进去，如此轮番的吞吞吐吐，要进行100~240次，最后才能酿成香甜的蜂蜜。

蜜蜂群体的社会生活非常团结，这也是所有的生物学家均发现的特点。每一个蜜蜂群体都自成一体，当非群体成员入侵时，不管是其他昆虫还是其他蜜蜂，它们都会共同抗击。

小知识

蜜蜂蜜胃的作用

在蜜蜂的食道后端有一个贮藏花蜜的囊叫做“蜜胃”。蜜胃的后端有蜜塞，使蜜不致流入肠道。蜜蜂吸取的花蜜贮入蜜胃后，在其中起化学变化，使蔗糖大部分转化成果糖和葡萄糖，这就是蜂蜜。蜜蜂回巢后再吐出蜂蜜贮藏在蜂巢内，作为食物。

马蜂

马蜂也叫“黄蜂”，成虫主要捕食鳞翅目的小昆虫，是一类重要的天敌昆虫。夏秋季节，马蜂在玉米地里爬进玉米缨子，把深钻在里面的玉米螟幼虫一条一条地拖出来，拦腰咬断，嚼成肉团，然后衔着它飞回蜂巢喂养幼蜂。棉花田里，马蜂会用同样的方法，从花朵和棉桃上捕捉棉铃幼虫；山林里，马蜂也是多种害虫的天敌。它们捕到害虫，仅仅取食其中的一点，大部分都会丢弃，这种多捕少吃的特点是其他益虫、益鸟都没有的。

蜜蜂的葬礼

美国康奈尔大学昆虫学家柯克·维斯切尔教授发现蜂群中确实有一些蜜蜂充当了“殡仪员”，它们的职责就是把巢里的死蜂移到巢外，防止巢内充满蜂的尸体和疾病传播。维斯切尔教授故意将一些刚死去的蜂移到实验室的蜂群中，发现绝大多数蜂对这些蜂尸都表示得非常漠视，不是用头部的触角碰一下，就是用眼睛瞧一下了事。但用不了多久，少数殡仪蜂就会走近尸体，将其咬住，拖出蜂巢，并会将尸体放在离巢较远的地方。

维斯切尔教授认为，在任何时间里，殡仪蜂仅占整个蜂群的1%~2%。通过观察，他还发现，蜂群中的尸体会散发出一种意味着“死”的特殊化学气味，殡仪蜂一旦闻到这种气味，就会马上赶到死蜂身边，抓起尸体，飞往离巢大约120米远的地方将其“安葬”。担任殡仪工作并不是某些蜂的固定职责，一般每隔几天就会轮换一次。

蚜茧蜂

人类与害虫曾作过无数次较量，利用害虫的天敌来“以虫治虫”是最有效的方法之一。蚜茧蜂作为蚜虫的天敌，在为人类消灭世界性大害虫——蚜虫中立下了汗马功劳。

雌性蚜茧蜂成虫的体长一般为1~2.4毫米，少数种类可以达到3~3.5毫米，它们的体色呈黄褐色至深褐色。雄性略小，触角的节数比雌性的多，腹部呈椭圆形。

蚜茧蜂是昆虫纲膜翅目蚜茧蜂科动物，这一科的所有种类都是蚜虫体内的寄生蜂。蚜茧蜂主要用它们的卵粒来制服蚜虫。每年的产卵季节，雌蜂便开始与雄蜂交配，但无论交配与否，雌蜂都能产卵。产卵时，雌蜂将产卵器刺向蚜虫腹部的背面，将卵产入蚜虫体内，这样，蚜茧蜂的卵就在蚜虫体内寄生下来。寄生在蚜虫体内的卵会在那里发育成幼虫。它们刺激蚜虫，使蚜虫的进食量增加，体重加大，身体恶性膨胀，而当其变成黄褐色或红褐色的谷粒状时就会僵死。

因此，当代的农业和林业，已经大量引入蚜茧蜂来治虫。蚜茧蜂也已经成为一支消灭蚜虫的强大主力军。

蜜蜂蜇人的原因

蜜蜂用刺针蜇人后不会给它们自己带来任何好处，但是却可以保护蜂群的利益。蜇人后，刺针就留在了受害者的身体里，蜜蜂由于失去刺针，身体内部受到了严重的伤害，不久就会死去。可以说，蜜蜂是为了它们的集体而牺牲了自己的生命。蜜蜂当然不会思考，但本能告诉它们，遇到危险就应使用刺针。如果让蜜蜂安静地过自己的生活，毫无疑问，它们肯定只愿意酿蜜而不想打仗。对于单个的蜜蜂来说，蜇人意味着生命的结束，但对整个蜂群而言，却得到了最大的好处：别的动物由此认识到，蜂蜜虽然好吃，但最好还是离蜜蜂远一点。

蚂蚁

蚂蚁是一种分布在世界各地的昆虫，除了南北极，到处都能见到它们的踪迹，其中又以热带地区最为常见。

全世界约有8 000种蚂蚁，大小从2~25毫米不等，有黑、红、黄、褐等不同的颜色。头部大，腹部为卵圆形，口器部分长有两对颚，外面的一对用来挖掘窝穴与携带食物，里面的一对用来咀嚼食物。

蚂蚁没有翅膀，但许多物种在繁殖季节会长出翅膀。蚂蚁的食性较杂，有的是食肉动物，有的是食草动物，还有一些属于食腐动物。蚂蚁是群居动物，成员甚多。

蚂蚁的一生会经历卵、幼虫、蛹、成虫4个阶段。通常一个蚁窝由一只蚁后及若干雄蚁、工蚁、兵蚁组成，它们各司其职，常常采用分工合作，效率很高。蚁后负责产卵繁殖后代，雄蚁负责与蚁后交配，工蚁负责觅食、运粮、育幼、筑窝等，兵蚁则担当抵抗外敌，保卫蚁群的重任。

由于习惯了地下黑暗的生活，蚂蚁的视觉很差，听觉也不好，完全依靠敏锐的嗅觉来生活。

蚂蚁的头部有一对触角，触角的表面有许多肉眼看不见的小孔，那是它们的嗅觉器官。蚂蚁借助触角来传递信息，辨别敌友及食物的味道，因此，同窝的蚂蚁在路上相遇时，一定会头碰头，彼此晃动触角，拍打一下，其实是在传递消息。

此外，蚂蚁腹部末端的肛门与腿上的若干腺体，都能分泌一种带有特殊气味的信息素。每当它们外出觅食，就会在沿路分泌信息素，构成一条“气味走廊”。不管离家多远，只要有这条“走廊”，它们都能按原路返回，而不会迷路。而当它们发现食物时，其他同伴也会沿着这条路来协助搬运。

当蚂蚁死亡时，也会释放出一种奇特的味道，别的蚂蚁闻到这种气味，就会把它抬出去埋掉。若把这种味道弄在其他活蚂蚁的身上，带有这种气味的蚂蚁也会被抬出去埋掉。如此看来，蚂蚁是认“味”而不认“蚁”的。

蚂蚁不但善于分工合作，而且还有分享食物的美德。当一只工蚁在路上发现糖水，它会在吸足之后，回窝把糖水吐出来分配给全窝的蚂蚁享用。

动物学家威尔逊为了知道糖水分配的详细情形，故意在糖水中加入了放射性物质，而后用特殊仪器追踪。结果发现：一只工蚁带回的糖水，在1天之内分给了所有的工蚁；7天之后，糖水已经被平均分配给全窝的蚂蚁了。

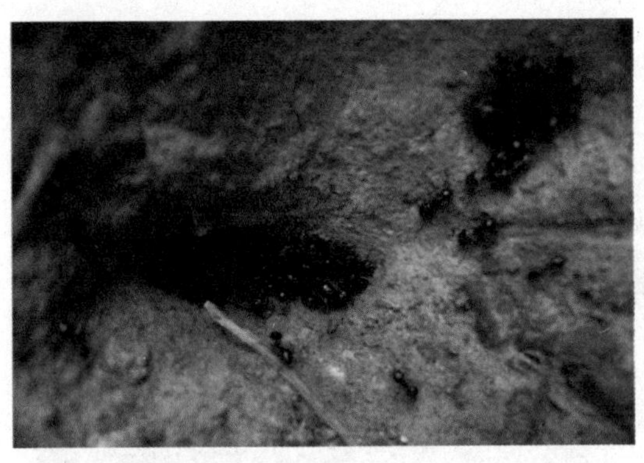

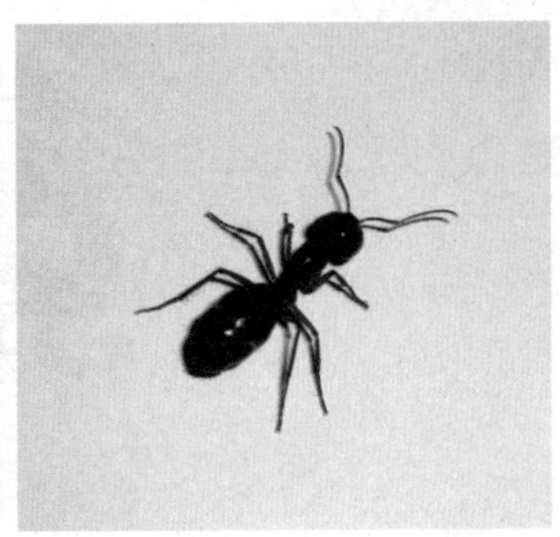

小知识

蚂蚁的不同品级

雌蚁：也称“蚁后”，是群体中体型最大的。生殖器官发达。一般有翅，在交配筑巢后脱落，主要职能为产卵、繁殖后代，是蚂蚁大家庭的“总管”。

雄蚁：俗称“蚁王”，体型比蚁后小，触角细长，外生殖器发达，主要职能是与蚁后交配，但交配后不久便会死亡。

工蚁：又叫“职蚁”，体型最小，无翅，数量最多，是一群没有生殖能力的雌蚁，专门负责筑巢、觅食、哺育幼蚁、侍奉蚁后、护卵、清洁及安全等。

兵蚁：无翅，头大，上额发达，也是不能生育的雌蚁，专门负责群蚁的安全。

行军蚁

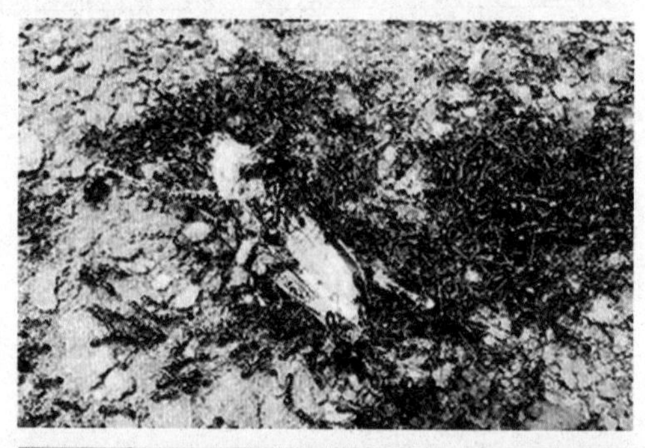

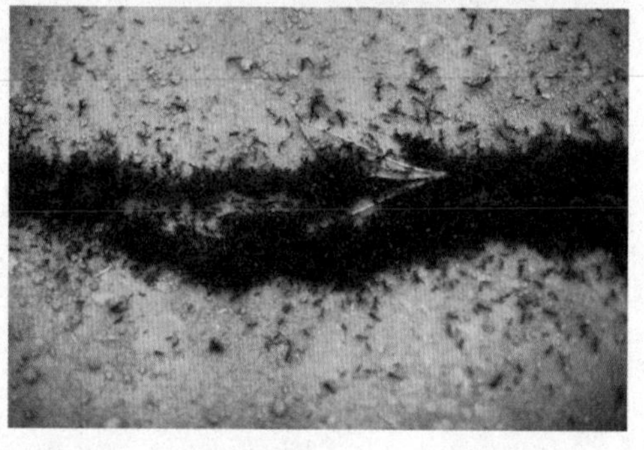

行军蚁生活在亚马孙河流域，喜欢集群生活，一般一个群体就有一二百万只。它们属于迁移类的蚂蚁，居无定所，常常四处活动，行军蚁也因此得名。行军蚁每天的生活都非常繁忙，习惯在行动中发现并吃掉猎物。到晚上休息时，行军蚁就会互相咬在一块，形成一个巨大的蚂蚁团。工蚁在外圈，兵蚁和小蚂蚁被围在里面。

虽然每一只行军蚁的身形都非常微小，一滴水就可以将它们冲走甚至淹死，但是它们懂得运用群体的力量，如果碰到沟壑，前锋的行军蚁就会抱成团，像球一样滚下去直到与对岸连接，形成一个蚁桥，让后面的蚂蚁大军顺利通过。即使是更宽的沟壑，行军蚁依然能毫无畏惧地一批批冲下去，直到将沟壑填平，用自己的身躯为后面的大军开拓一条通路。当然，这种场面是很悲壮的，不少蚂蚁都被水冲走或者掉队了，但是没有蚂蚁会退缩。

行军蚁的强大群体力量使得它们的捕猎能力惊人。在行军路上所向披靡，蟋蟀、蚱蜢等身体比它们大百倍千倍的“大块头”，都是行军蚁的美食。甚至一头猪或者豹子碰到行军蚁，半天内也能被吃得只剩下骨头。行军蚁的捕猎能力之所以有如此强大的攻击性，一是因为它们上百万大军的团结精神，二是因为它们的唾液里有毒，猎物被咬伤后，很快就会被麻醉从而失去抵抗力。在行军蚁的行进途中，它们几乎是横扫一切，所到之处，庄稼、荒草、树皮乃至所遇到的大小动物都无一幸免。所以说，行军蚁是森林中最可怕的捕猎者之一。

行军蚁的毁灭性攻击也有它们的存在性，有助于维持森林生物的多样性。

小知识

蚂蚁识别同伴的方法

蚂蚁的嗅觉十分灵敏，所以，它们靠气味来识别自己同窝的伙伴，陌生的蚂蚁永远是不受欢迎的客人。一只蚂蚁一旦闯进了别的蚁窝，马上就会被杀死。根据气味，窝里的蚂蚁立刻就能辨别出入侵的“异类”。科学家们进行过一次大胆的试验：在巨蚁身上涂抹上小蚂蚁的体液，然后把它放进小蚂蚁的窝里。尽管这个庞然大物长相怪异，竟没有一只小蚂蚁对它产生怀疑。但是，当涂抹上去的气味一挥发、巨蚁自身的气味开始散发出来时，它立刻就被窝里的小蚂蚁识别出来。小蚂蚁们便毫不留情地将它杀死了。

双翅目昆虫

双翅目是昆虫纲中仅次于鳞翅目、鞘翅目、膜翅目的第四大目。世界已知85 000种，分布范围广泛，中国已知分布有4 000余种。其中包括许多重要的卫生害虫和农业害虫，如蚊类、蝇类、牛虻等。此外还包括食蚜蝇、寄生蝇类等益虫。

本目的主要特点：双翅目昆虫的体长极少超过25毫米。身体宽短或纤细，呈圆筒形或近球形。头部一般与体轴垂直，活动自如。口器为刺吸式或舐吸式，复眼大，占头的大部分。触角的形状不一，差异很大。幼虫为无足型，蝇类为无头型，虻类为半头型，蚊类为显头型。

蚊子

蚊子属昆虫纲双翅目蚊科，和苍蝇、蟑螂一样，都是对人类有害的昆虫。

虽然蚊子的身形小，但可千万别忽视它们。在阿拉斯加，它们曾经把一个探险队叮得几乎发狂；在古希腊，它们曾经把一个城市的居民叮得受不了而全部搬走；在我国台湾省南部，曾造成登革热大流行，搞得人心惶惶。

其实，雄蚊是不叮人的，只有雌蚊才叮人。虽然蚊子的主要食物是花蜜和植物汁液，但若干种雌蚊需要吸足血后，体内的卵才会成熟。对雌蚊而言，人类与动物的血液，就是不可缺少的营养。

雌蚊叮人时，唇部的螯针刺入人的皮肤，并会一边注入一种阻止血液凝固的唾液，一边拼命吸血。它们吸饱飞走后，它们的唾液就被留在了人体的皮肤内，不但会形成发痒的肿块，而且蚊子体内的病毒会随着唾液传播到人体内。

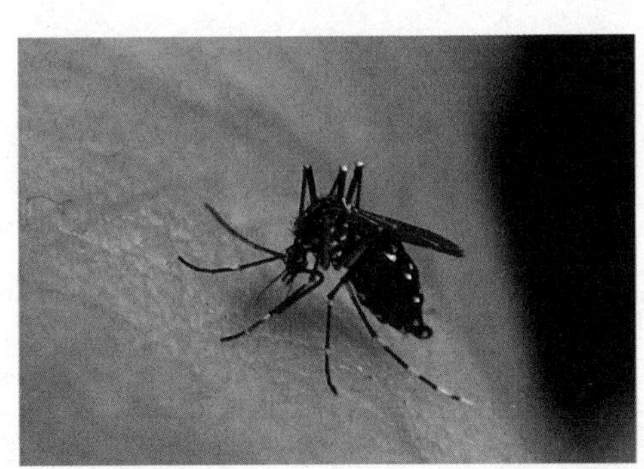

蚊子是飞行的顶尖高手，翅膀振动迅速(每秒约振动250下)，可以回旋、翻滚，还能直飞、侧飞、倒退飞、倒转飞，甚至瞬间加速或减速，因此我们很难拍击到它们。有些蚊子在雨中飞行时，能避开雨点，全身干爽地飞到目的地，其飞行绝技令人惊叹。

小知识

蚊子的食性与繁殖

蚊子是靠吸血来生存繁殖的，但雌、雄蚊的食性是不一样的，雄蚊吃“素”，专以植物的花蜜和果子、茎、叶里的汁液为食。雌蚊偶尔也会尝尝植物的汁液，然而，一旦婚配以后，就非吸血不可。因为它们只有在吸血后，才能使卵巢发育。所以，只有雌蚊才会叮人。

雌蚊吸足了人血，就会去找有水的地方产卵。产在水里的卵一两天后就能孵化成幼虫，它们的名字叫“孑孓”。孑孓经过四次蜕皮变成蛹，蛹继续在水中生活，不久后，就能羽化成蚊。完成一代发育只需10~12天，一年可以繁殖7~8代。

蚊子的生存繁殖环境必须有水，因此地面上的积水、臭水沟、下水道、人们扔掉的易拉罐、矿泉水瓶等都是蚊子的理想家园。

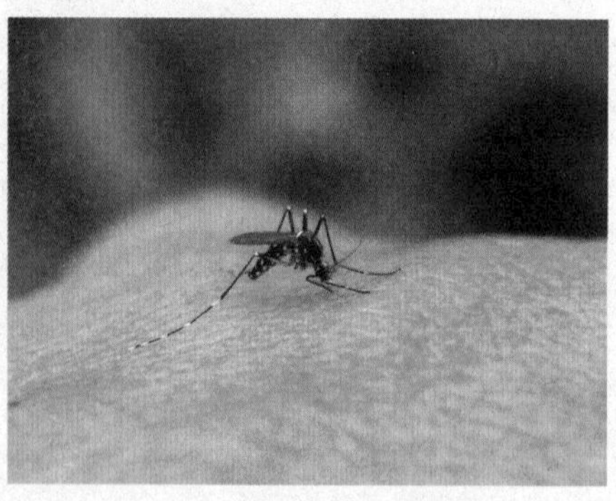

蚊子与疟疾

英国生物学家罗纳德·罗斯，因首次在蚊子中分离出着色的疟原虫卵囊，又在患疟疾的鸟类血液中发现类似的着色胞囊，使生物界的研究取得了重大突破，并于1902年荣获诺贝尔生物学奖金。

罗斯小的时候曾随父母在印度北部的木栅山城居住。那时的小罗斯机灵、调皮，什么事都要问个究竟。

一年夏天，镇上流行着可怕的疾病——疟疾，家家户户大门紧闭，更不敢让孩子上街去玩。小罗斯被关在家里好几天了。他透过窗户，远眺连绵起伏的山脉，白雪皑皑的山巅，坐立不安，非要出去玩不可。妈妈耐心地劝说着：“孩子，再忍耐几天吧，这个镇上流行着疟疾。这种病中国人称为‘打摆子’，3天发作一次，得病的人痛苦万分。直到如今，医生们也是束手无策呀！”听了妈妈的话，罗斯陷入了沉思，疟疾为什么会传染？不与病人接触也会传染上吗？他暗下决心找出原因。

从此，一到夏天，他便背上行装。到疟疾盛行的地方去观察、试验。一次，走到一处村头，他便倒头摔在地上。当他醒来时，发现自己躺在一户农家的竹床上，有位慈祥的老人告诉他不幸染上了疟疾。当老人为他端来一碗稀饭时，可恶的蚊子从四面八方涌过来，老人边轰蚊子边说；“我们这里蚊子太多了。”这句话提示了正在病中的罗斯。“疟疾是不是蚊子传播的呢？”罗斯心头一亮。

后来，经过多次研究，他终于揭开了疟疾与蚊子的关系之谜，从而造福于人类。

苍蝇

苍蝇的胸部可以分为前、中、后3个部分。苍蝇的发育分卵、幼虫、蛹、成虫四个时期，属完全变态。每年可以完成繁殖7~8代，在我国南方气候温暖的地区，每年能繁殖10多代。

苍蝇身上携带的细菌量可达几十万个，甚至上亿个。苍蝇在进化过程中已经适应了细菌的存在。当细菌进入苍蝇体内，一部分会死亡，一部分会被排出体外，所以苍蝇即使在有许多细菌的脏地方，也能生存下去，而不会生病或死亡。

苍蝇能传播多种疾病，对环境的危害很大。某些种类的苍蝇还能刺吸人畜血液，或寄生在人畜体内，危害极大。

和其他昆虫相比，苍蝇最突出的一个特点就是视野特别宽阔，这是为什么呢？

原来，经过多年的进化，苍蝇已经拥有了一双特别敏锐的眼睛。它们的眼睛由2 000多只小眼组成，视野开阔。另外，苍蝇还具有异常敏锐的嗅觉和超长的飞行特技及飞檐走壁的本领。

苍蝇冬眠

我们都是在夏天才能看到苍蝇的踪迹，那么冬天或者秋天的时候，苍蝇躲到哪里去了呢？原来，苍蝇也是可以“冬眠”的动物，多数蝇类以蛹越冬，但越冬方式与当地的气温条件及种类有关。蛹或成虫的越冬场所多在其孳生地的附近，一般在3米的范围内，离表面0.5厘米深的松土、垃圾的孳生物中越冬，春暖后再发育。成蛹越冬多选择在温暖的场所，静伏不动，等天气暖和了才会出来活动。

苍蝇授粉

其实，苍蝇还有一个鲜为人知的特点就是能够传播花粉。大多数人只知道蝴蝶、蜜蜂等昆虫能传播花粉，但很少有人知道有些苍蝇在大自然中也是辛勤的园丁，不知疲倦地为植物传授花粉。例如，我国台湾省南部的芒果就由“大头金蝇”负责传播花粉，否则，芒果就会结实不良，产量及品质都会大大降低。

实际生活中，借助苍蝇传播花粉的例子比比皆是，比如澳大利亚的苍蝇已经不是传播细菌的介质了，而是逐渐演

化为一种有助植物生长的益虫。还有一种叫“格桑花”的植物，生长在海拔很高的地方，蜜蜂在那里不能生存，所以只能依靠苍蝇传授花粉。

我国海口市有一名15岁的高一女生，由于成功地利用苍蝇传授花粉而取得了惊人的成绩，获得海南省青少年科技创新大赛一等奖。

据介绍，2003年秋开始，这个女孩发现市场上卖的海南主要水果的花蜜应有尽有，唯独找不到芒果蜜。于是她和指导教师决定利用绿头苍蝇给芒果传授花粉，经过多次实验，他们不仅得到了芒果蜜，还大大增加了芒果的产量。

授粉是植物繁殖后代必须经历的一个过程，花粉落在柱头上以后，吸收柱心上的水分，花粉内壁从萌发孔处凸出，形成花粉管。花粉管穿过柱心沿着花柱向子房伸展。在伸展过程中，花粉粒中的内含物全部移入花粉管，且集中于花粉管的顶部。

植物的授粉可以分为自花授粉和异花授粉，有的植物既能进行自花授粉又能进行异花授粉，如棉花，又被称为“常异花授粉”。各种植物的天然异花授粉既受遗传的控制，也受开花时外部环境的影响，因此受粉率受到很大影响。

苍蝇的繁殖率

苍蝇是一种比较常见的昆虫。它们的分布很广，几乎在地球的每个角落都能看到它们的踪影。苍蝇的繁殖能力很强，在极短的时间里，就能几世同堂。如果在理想的生活环境里，一只苍蝇半年就能繁殖5万亿后代。幸运的是，地球上还没有苍蝇自由生存的天堂。它们既得不到充足的食物，也逃脱不了被敌人消灭的厄运。否则，整个地球都要被苍蝇占满了。

苍蝇的脚

苍蝇能像蜘蛛人那样倒攀在天棚上。因为其身轻体小，脚的末端还有吸盘似的东西，可以轻松自如地在任何地方爬行。

苍蝇脚的末端除了吸盘，还有一对钩状甲，只要有针尖大的缝隙它们就能把钩状甲抠进去。天棚在我们眼里平滑得如同镜面，但用苍蝇或蜘蛛的眼光看却是很粗糙且有很多缝隙的地方。不管是什么地方，只要能伸进钩状甲、黏住吸盘，苍蝇就能以任何姿势贴在上面。

小知识

苍蝇不停搓脚的原因

苍蝇没有鼻子，它们的味觉器官也不长在头上或脸上，而是长在脚上。只要它们飞到了食物上，就会先用脚上的味觉器官去品一品食物的味道，然后再用嘴去吃。因为苍蝇很贪吃，又喜欢到处飞，见到任何食物都要尝一尝，所以它们的脚上常常会沾满食物。这样既不利于飞行，又妨碍了它们去感知外部世界。所以，它们喜欢把脚搓来搓去，这是为了把沾在脚上的食物搓掉。

小故事

苍蝇“窃听案”

苍蝇的全身都沾满病菌，是传播疾病的有害昆虫。也正因为苍蝇能够传播各种疾病，才使它们在生物战中备受欢迎。苍蝇不仅是传统生物战的得力干将，而且，苍蝇还曾制造过骇人听闻的“窃听案”呢！

1973年，在美国有一个流传很广的真实故事。美国某领事馆一项重要的情报被外国间谍窃取了。美国中央情报局大为恼火，并派高级特工约翰逊前去破案。

这天，约翰逊正坐在沙发上抽闷烟，并打开专门侦察窃听器用的电子测量仪，好长时间都没有一点动静。正当他无可奈何的时候，仪器的蜂鸣器忽然发出了“嘟……嘟…”的警报声。

“有窃听。”约翰逊大惊失色地跳起来。可是，环顾四周，只有一只苍蝇在乱飞乱舞。他立即想到，是不是苍蝇在作怪？想到这，他气愤地把门窗关上，找准机会向苍蝇用力拍去。苍蝇被打死了，肚子里露出了一颗细砂粒一样的金属体。此时，蜂鸣器的信号突然增大，约翰逊随即大喊一声：“快来人，抓间谍。”

几名特工闻讯后如临大敌，立即跑来，见状后都惊呆了。原来，某国特务机关利用苍蝇喜欢钻进办公室的特点，把微型窃听器安装在了苍蝇的内脏里，这样，即使苍蝇死去，窃听器依然能够进行窃听。

轰动一时的苍蝇窃听案终于画上了句号。

果蝇

果蝇属于昆虫家族的一员，是苍蝇的“近亲”，是一种小型蝇类。它们的个头非常小，一般只有米粒那么大。和其他蝇类一样，它们也喜欢追腐逐臭，并且特别爱在腐烂、发酵的水果周围飞舞。

果蝇虽然是一种比较低级的动物，可是它们有着反应十分灵敏、结构非常精密的信息系统。它们的求爱方式也非同一般，依靠的不是打斗，而是情歌。雌果蝇对雄果蝇情歌的理解能力是一般昆虫难以企及的。有一种雄果蝇，能用翅膀来唱情歌，向同伴表达爱慕之心。雌果蝇如果中意，双方就能结成伴侣，如果没看上，便会张开翅膀扬长而去。

果蝇的生命力很顽强，容易饲养，而且饲养的成本低。它们唾腺的染色体大、突变性状多，能培育出许多种果蝇。加上它们的生活周期短，大约两个星期就能长为成熟的个体。因此，生物学家说果蝇是“科学实验的好材料”。

目前，普普通通的果蝇可以帮助我们进行药品、食品、环境等方面的检测，还能为我们提供有关职业防护和肿瘤医治等方面的研究。简单地说，要想知道这些食品和药物中是否含有致癌、致畸、致基因突变的物质，只要用果蝇检测一下就能很快知道结果。

食蚜蝇

食蚜蝇是双翅目食蚜蝇科动物的通称，全世界已知约有5 000种，我国已知约有300余种。

食蚜蝇成虫的头部大，体宽或纤细，长5~7毫米。体色单一，为暗色或常具黄、橙、灰白等鲜艳色彩的斑纹，某些种类则有蓝、绿、铜等金属色。

食蚜蝇的样子和蜜蜂很像，也有透明的翅和黄黑相间的腹部，飞起来同样是"嗡嗡"的声音，可是蜜蜂和食蚜蝇不但不是亲姐妹，在亲缘关系上也相差很远。蜜蜂在分类学上属于膜翅目，和胡蜂、熊蜂是亲戚，食蚜蝇属于双翅目，苍蝇、蚊子才是它们的姐妹。只要你仔细观察，就会发现它们的很多区别：蜜蜂的触角是屈膝状的，食蚜蝇的触角却是芒状的，蜜蜂的后足粗大，有的甚至还沾有花粉团，食蚜

蝇的后足细长，和其他足没什么大的不同。它们最主要的区别是：蜜蜂有2对翅，食蚜蝇只有1对翅，后翅退化成了1对呈小棒槌形的结构，叫“平衡棒”。

“食蚜蝇”名字中虽然有个“蝇”字，但它们不是害虫，而是益虫，并且还会给花授粉。

食蚜蝇成虫通常在早春出现，春、夏季最多，性喜阳光，常飞舞在花间草丛或带有香味的植物上摄食花粉、花蜜，并传播花粉，有时也吸取树汁。因为羽化后的成虫食蚜蝇必须摄食花粉才能发育繁殖，否则卵巢就不能发育。成虫的飞翔能力很强，常在空中翱翔，或振动双翅在空中停留不动，或突然做直线高速飞行。食蚜蝇的长相虽然和蜜蜂很像，但它们本身没有螫刺和叮咬的能力，但为了保护自己，它们常有各种拟态。比如，在体型、色泽上常模仿黄蜂或蜜蜂，同时还能模仿蜂类做螫刺动作！

直翅目昆虫

直翅目昆虫在全世界有记载的约有2万种，我国记载的约有500多种。本目动物多为大中型、身体较壮实的昆虫，其中包括很多重要害虫，如东亚飞蝗、华北蝼蛄、大蟋蟀等。前翅为覆翅，后翅呈扇状折叠。后足大多比较发达，善于跳跃，包括有蝗虫、蟋蟀、蝼蛄等。广泛分布于世界各地，以热带地区种类最多。

本目的主要特点：口器为典型的咀嚼式。上颚发达，强大而坚硬。触角长而多节。复眼发达，大而突出，少数种类缺单眼。前翅狭长、为革质，停息时覆盖在体背，称为“覆翅”，后翅膜质，臀区宽大，停息时呈折扇状纵褶于前翅下，翅脉多平直。若虫与成虫相似，一般为植食性，多为害虫。

蝗虫

蝗虫又名“蚱蜢”、“蚂蚱”、“蚱蚂”、“草螟”，是节肢动物门昆虫纲蝗科以及螽斯科昆虫的总称。全世界约有蝗虫10 000余种，我国分布有300余种。

蝗虫的身体一般都比较细长，分头、胸、腹3部分，体表包有一层坚韧的外骨骼。其体表通常为绿色、褐色或黑色，头大，触角短。它们的前胸背板坚硬，像马鞍似的向左右延伸到两侧，中、后胸不能活动。脚发达，尤其是后腿的肌肉强劲有力，再加上其坚硬的外骨骼，所以它们的跳跃能力是很强的。胫骨还有尖锐的锯

刺，是有效的防卫武器。

如果将活的蝗虫的头浸在水中10分钟，而让其身体的其他部分暴露在空气中，蝗虫仍然不会死亡。这是因为蝗虫用于气体交换的气孔在腹部，有两排。所以，如果把蝗虫的腹部浸在水中，用不了多久，它们就会被淹死。蝗虫为了躲避敌人，常常会作远距离的跳跃，后腿用力一蹬就能跃向空中，然后展翅飞行。它们还能利用自身保护性的体色，落到地上或草叶上，这样敌人就很难再找到它们了。

蝗虫特别爱吃禾本科植物，如高粱、玉米、稻、麦和竹类的茎叶，禾本科杂草茂密的地方和辽阔的荒地，都是蝗虫理想的栖息地。成群的蝗虫可以使绿地变成荒原。它们铺天盖地而来的时候，就像乌云一样遮天蔽日。5 000多万只集群的蝗虫便可遮住1平方千米的天空。它们所过之处，全部农作物就会化为乌有。一个蝗虫群，一天就能吞噬几十万吨的谷物。

蝗虫的大爆发一般出现在气候干旱和森林过量砍伐之后，蝗虫适应干旱的能力很强，而其他昆虫和鸟类在这样的环境下都不能生存。此外，干旱还使蝗虫喜欢吃的禾本科植物的生长受到限制，因

此，凡是遇到好吃的食物，蝗虫便会蜂拥而至。所以，这个时候蝗虫的密度最高，并会逐渐形成集体化的行动。

小知识

蝗虫的变态

蝗虫对农业的危害极大，它们聚集在一起，顷刻之间就能将一大片农田吃得干干净净。蝗虫属于不完全变态昆虫，它们的卵孵化出若虫，个子较小，翅膀发育不全，然后经过数次蜕皮，若虫渐渐长大，翅膀长全，变为成虫。灭蝗的工作应该利用蝗虫生长的这一规律，在其处于若虫阶段就进行综合防治，如在秋耕时破坏其冬卵的越冬条件或施放药物等，才能取得较好的成效。

棉蝗

棉蝗又称“大青蝗”，属直翅目蝗科。主要分布在我国华北、华东、华南、西南地区。

棉蝗几乎可以算是最大型的蝗虫，体长55～85毫米，体色鲜绿带黄，触角呈丝状。前胸背板中隆线凸起，为淡黄色，两侧各具三条横沟。前翅为长桨状，革质，背面为青绿色。后翅为扇状，中部与基部呈淡紫红色。前足最短，中足次之，后足最长，腿节特别发达，为青绿色，胫节细长，为淡紫红色，其外向具两列刺。

棉蝗的卵呈椭圆形，稍弯曲，初产时为黄色，快要孵化时为淡绿色。随着虫龄的增大，翅芽和触角也在增长。棉蝗一年繁殖一代，以卵在土中越冬。来年的4—5

月份开始孵化。幼虫的食量较小，成虫的食量较大，但没有明显的群聚及迁飞危害习性。成虫到10月中下旬才会相继死亡。

棉蝗对棉、水稻、甘蔗、茶、竹等多种作物都具有危害性，常在平原及低山地区活动，秋天时大量出现。寄生植物有蒲葵、木麻黄、棉花、美人蕉、甘蔗及豆科植物等。

蚂蚱的腿会掉的原因

蝗虫，俗称“蚂蚱”，恐怕是昆虫世界中最有名的跳远运动员了。有的蚂蚱一跳就能跳出2.6米的距离。通常，蚂蚱可以跳出相当于自己身高6倍的高度、身长20倍的长度。而且，跳跃的同时还能飞翔。

捉蚂蚱的时候一不小心就会拽掉它们的一条后腿。也就是说，好不容易捉住的蚂蚱会甩下一条腿逃之夭夭。蚂蚱粗壮的后腿固然是蹦跳所必需的，但有时为了逃命，它们也会自己将其弄断。遇到紧急状况，蚂蚱的后腿会很容易从身上掉下来，跟蜥蜴被捉住后弄断尾巴逃跑是同样的道理。

除非蚂蚱的两条后腿都断了，不然对生存没有大碍。有时候体内的养分不足，蚂蚱还会自行折断后腿，甚至还会在紧急情况下吃掉自己的腿。

捉蚂蚱只捏一条腿，它们就会利用另一条腿的反作用力冲开一条生路，所以捏住的腿就会从身上掉下来。要想让蚂蚱不至于跑掉，就要用同样的力气同时捏住两条腿，或者抓住它们的身体。

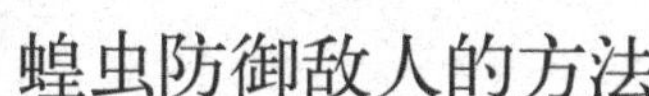

蝗虫防御敌人的方法

防虫剂并不是人类的专利。有一种不长翅膀的蝗虫也靠防虫药剂来抵御敌人的进攻。一旦受到食肉昆虫的威胁，它们的嘴里和身体各处的腺孔里就会分泌出一种化学物质。这种气味强烈的油性物质与空气一接触，就会变成泡沫，并会迅速向四周扩散。这种自制的防虫剂具有十分难闻的气味，食肉昆虫都避之不及。人类受到蝗虫的启发，把它们分泌的高效驱虫物质用在了驱蚊剂中，效果显著。

蟋蟀

蟋蟀又叫“促织”，北方俗名叫“蛐蛐儿”。全世界已知约有2 500种，我国已知约有150种。

蟋蟀的头部主要是感觉器官所在的位置。触角长在头的前上方，呈细丝状，由许多环节构成，触角的功能如同雷达一般，具有触觉、嗅觉和味觉等多种功能，同时也具有感测气温的能力。触角常常摆动以辨别气流，具有监视天敌的作用。

蟋蟀具有咀嚼式口器，进食时使用一对大颚来切碎食物。复眼由许多六角形的小眼集结而成，是主要的视觉器官。胸部是蟋蟀的主要运动器官——翅膀和脚所在的位置。从外观上可以将其区分为前胸、中胸和后胸3节。在每一胸节下方的两侧各长着1对脚，因此3个胸节共有3对脚；前足胫节上有听觉器官，可以感觉声音的振

动，粗壮发达的后脚则具有优越的跳跃能力。蟋蟀的腿上功夫还有一招，它们的腿和脚上都长有棘刺，当用力踢向猎食者时，这些刺也能给对方造成一定的伤害。

此外，蟋蟀有2对翅膀，前翅为革质，后翅为透明的膜质。翅膀也是蟋蟀的主要发声工具，雄蟋蟀的前翅上有发音器，我们所听到的蟋蟀鸣声就是雄蟋蟀的前翅相互摩擦发出来的。

蟋蟀多数为中小型，少数为大型。身体多为褐色或黑色，头部为圆形，长有长长的触角，体型微扁，翅膀平叠在背部。雄虫会摩擦翅膀来发出鸣叫声。

蟋蟀喜欢穴居，常栖息于地表、砖石下、土穴中、草丛间，多在夜间活动。属杂食性动物，以各种作物、树苗、菜果等为食。它们会破坏各种作物的根、茎、叶、果实和种子，对幼苗具有很大的危害性。

雌性蟋蟀的产卵器很显著，呈筒或针状，它们将卵产在湿润的土壤里，每年生一代，以卵在土中越冬。卵单产，产在杂草多且向阳的田埂、坟地、草堆边缘的土中。雄虫筑土穴与雌虫同居。蟋蟀喜欢栖息在阴凉、土质疏松、潮湿的环境中。

在蟋蟀家族中，雌、雄蟋蟀并不是通过“自由恋爱”而成就“百年之好”的。哪只雄蟋蟀勇猛善斗，打败了其他同性，那它就获得了对雌蟋蟀的占有权，所以在蟋蟀家族中，“一夫多妻”的现象屡见不鲜。

通常情况下，蟋蟀都是独自生活。雄蟋蟀好斗，当两只雄虫相遇时，会先竖翅鸣叫一番，以壮声威，然后头对头，各自张开钳子似的大口互相对咬，也用足踢，常可进退滚打3~5个回合。最后，败者无声地逃逸，胜者则高竖双翅，傲然地大声长鸣，显得十分得意。

蟋蟀的鸣声也是颇有名堂的，不同的音调、频率所表达的意思是不一样的。

寻偶：为了招引雌虫的寻偶声，舒缓而悠长。

求偶：为了引诱雌虫交配的求偶声，轻柔而短促。

驱敌：为了驱除其他雄虫的战斗声，高亢而急促。

夜晚，蟋蟀响亮的长节奏的鸣声，既是在警告别的同性："这是我的领地，不许侵入！"同时也是在招呼异性："我在这儿，快来吧！"当有别的同性蟋蟀贸然闯入时，它们便会威严而急促地鸣叫以示严正警告。若"最后通牒"失效，那么一场为了抢占领土和捍卫领土的恶战便开始了。

蟋蟀优美动听的歌声并不是出自它们的好嗓子，而是它们的翅膀。仔细观察，你会发现蟋蟀在不停地振动双翅，其实，翅膀就是它们的发声器官，因为在蟋蟀右边的翅膀上，有一个像锉样的短刺，左边的翅膀上，长有像刀一样的硬棘，左右两翅一张一合，相互摩擦，振动翅膀就可以发出悦耳的声音了。每到繁殖期，雄性蟋蟀就会更加卖力地振动翅膀，用动听的歌声，寻找佳偶。

有一种蟋蟀雄虫在求偶时，除了用鸣声引诱雌虫，还会在其背上分泌一种雌虫爱吃的物质。当雌虫爬到雄虫的背上去吃分泌物时，雌、雄虫的生殖器官一接触，雄虫就会把握机会进行交配。

有趣的是，雄虫鸣

叫的速率会随温度的升高而加快。根据昆虫学家的研究得知，有一种雪白树蟀在15秒内鸣叫的次数加上40，就是当时的华氏温度，因此，雪白树蟀又被称为“温度计蟋蟀”。

宠物蟋蟀

蟋蟀是一种好斗的昆虫，作为中国人的宠物，它们的历史已经非常悠久了。如果把两只雄虫放在一起，它们必然会为了维护各自的领地而大打出手，双方不斗到遍体鳞伤，是绝对不会善罢甘休的。中国人利用蟋蟀好斗的天性，在数百年前就盛行斗蟋蟀的游戏，南宋宰相贾似道更是其中的行家。

贾似道因为酷爱斗蟋蟀，所以进行了深入研究，并写了一本《促织经》（促织就是蟋蟀），书中曾评论蟋蟀的优劣说：“白不如黑，黑不如赤，赤不如青麻头。青项、金翅、金银丝额，上也；黄麻头，次也；紫金黑色，又其次也。虫病有四：一仰头，二卷须，三练牙，四踢脚，若犯其一，皆不可用。”他既没有治国的本事，也没有打仗的能力，是个误国的宰相，但他却是一位一流的蟋蟀专家。他对蟋蟀的论断，700多年后看来，仍旧十分精准。

蝼蛄

蝼蛄，俗称“拉拉蛄”、“土狗”等，属直翅目蝼蛄科，主要分布于亚洲、非洲、欧洲，全世界已知约有50种，我国已知的有4种。

蝼蛄身体狭长，头小，呈圆锥形，具有咀嚼式口器，1对复眼小而突出，在它们之间，长有1对椭圆形的单眼，前胸背板为椭圆形，背面隆起如盾，两侧向下伸展，几乎把前足基节包起。在3对足中，前足生得非常奇特，像把铲子，粗短扁阔，胫节上还长有4颗大型耙状利齿，好比钉耙，在掘洞时又铲又耙，掘洞的效率非常高。前足内侧有一处裂缝为听觉器官。在2对翅膀中，前翅短小略呈革质，薄大的下翅收在下方成一长束状。

蝼蛄常栖息于平原、轻盐碱地以及沿河、临海、近湖等低湿地带，特别是砂壤土和多腐殖质的地区。蝼蛄的成虫和若虫均善于游泳。雄虫能鸣，通过翅膀的摩擦发出“咕咕”的鸣声，以吸引雌虫。

昆虫学家为了消灭蝼蛄，常采用声音引诱法，先将雄蝼蛄唱的情歌录下来，然后在晚间于田野中以大音节进行播放，以便消灭闻声而来的大批雌性蝼蛄。但他们发现蝼蛄的“歌声”竟然也有方言，不同地方的蝼蛄叫声是不一样的。

蝼蛄通常栖息于地下，在夜间有较强的趋光性，常在夜间和清晨活动。在昆虫世界里，一生都过着地下生活的只有蝼蛄。但是，它们并不是不能飞翔。夏季，它们喜欢潮湿润泽的地方，所以它们产卵大多聚集在水稻田埂、菜圃地里以及池塘、水坑等积水洼地的附近。越冬的时候，它们却要寻找干燥的地方。越冬以后，又会飞往潮湿的地方。雌蝼蛄在产完卵后，它们的生命也就结束了。

蝼蛄是农业的害虫之一，它们喜欢吃发芽的种子，咬断农作物的幼根、嫩茎，造成缺苗断垄，苗大后，咬食作物的根部使其成乱麻状，使幼苗萎蔫而死。它们喜欢在表土层穿行，往往会形成很多隧道，使幼苗和土壤分离，失水干枯而死。温暖湿润、多腐殖质、低洼盐碱地、施未腐熟粪肥的地块受蝼蛄的危害更严重。

在建造“家园”时，它们往往会从地面的一端挖到另一端，构成一条纵横交错的地下交通网，洞中套洞，洞洞相连。在通道中途还筑有产卵房、育婴室、储粮仓等。它们也常专门挑选松软的土地进行挖掘，当遇到坚硬的地方它们就会避开，所以它们所挖掘的通道都是弯弯曲曲的。有了这样的家，它们就能在温暖湿润的地下度过漫长而舒服的冬天了。

另外，蝼蛄也有很高的药用价值，以干燥的虫体入药，具有利尿、消肿、解毒的功效。

同翅目昆虫

地球上生活着7万多种同翅目昆虫，它们的口器外形像喙，可以用来刺破食物，吸食其中的汁液。口器和头部之间有折环，不用时可以放在身体下方。许多同翅目昆虫寄生在植物体上，以植物的汁液为食；有些则会攻击其他动物，吸食它们的体液和血液，还有一些同翅目昆虫没有翅膀，有翅膀的同翅目昆虫叠放翅膀的方式也各不相同。半翅目昆虫为卵生，幼虫和父母的外形相似，并会在成长过程中不断改变外形。

同翅目昆虫的外形和生活方式都大不相同，但它们的生命初期都是以蛆的形式存在，并且在成熟后，会突然改变形状，这一过程被称为“完全变态”。

蚜虫

蚜虫也叫“腻虫”，属昆虫纲同翅目，分有翅、无翅和有性、无性等类型，刺吸式口器，主要用于刺入植物的幼嫩组织吸食汁液，对粮食、棉花、蔬菜、瓜果、烟草等植物都有危害性。蚜虫不但会传播病毒，形成虫瘿，阻碍植物的生长，还会导致花、芽、叶等发生畸形

与枯萎，最后造成大灾害。

蚜虫的身体微小、柔软，触角长，分为3~6节，通常为6节，末节茎部和末前节的顶端各有一个圆形的原生感觉孔。每一种类都有具翅或无翅个体，前翅大而后翅小，前翅只有一条纵脉。蚜虫一般能繁殖很多代，有的高达20~30代。生活条件良好时，还会产生无翅蚜，而当生活环境或营养条件变差时，就会产生有翅蚜。

蚜虫发生的规律和寄生植物的发育阶段也有密切关系，后者以体内的生理变化与新陈代谢作用的变化为条件，同环境的温湿度、光照相联系。蚜虫数目的消长，除受气候因素的影响外，也受天敌的控制，如各种瓢虫、草青蛉、食蚜蝇及蚜茧蜂、蚜小蜂等寄生蜂。

蚜虫的种类

蚜虫的种类繁多，比较常见的有以下10种：

苹蚜：身体呈黄绿色，能使苹果的果实变形。

菜蚜：身体呈灰绿色，常群居在卷心菜与萝卜等叶的背面。

石原氏球蚜：会在云杉枝干上形成约7厘米长的圆锥形虫瘿。

玉蜀黍根蚜：会使玉蜀黍停止生长，变黄、枯萎。

云杉瘿球蚜：会在云杉上形成菠萝形虫瘿，使云杉枯萎死亡。

麦二岔蚜：是小麦与燕麦的大害，能毁掉整片庄稼。

桃蚜：身体呈浅黄绿色，能传播花叶病与马铃薯卷叶病。

棉蚜：身体呈绿色或黑色，危害棉花与黄瓜等农作物。

豆长管蚜：身体呈浅绿色，会传播花叶病。

马铃薯长管蚜：在蔷薇科植物上产卵，幼蚜以芽和叶为食。

蚜虫的危害

蚜虫之所以会对农作物造成重大的损害，主要是因为它们惊人的繁殖能力。它们采取单性生殖与两性生殖两种方式来繁殖后代。单性生殖又称“孤雌生殖”，是指雌虫不需要与雄虫交配，而能由雌虫单独繁殖出后代的生殖方法。

刚出生的小蚜虫，只需数小时，就能跟雌虫一样危害植物。而且小蚜虫只需5天左右就有单性生殖能力，如此快速绵延的生殖，数量是非常惊人的。这样繁殖十几代，一直到夏末，单性生殖的最后一代会生出雌蚜与雄蚜，经交配后（这是两性生殖），雌虫所生出的卵越冬至第二年春天孵化为雌虫。该雌虫又开始了整个夏季的单性生殖，如此延续不绝。所幸蚜虫有瓢虫、草蛉、蚜蝇、蚜狮等天敌，否则它们不知会猖獗到什么程度。

蚜虫与蚂蚁是互利共生的关系。蚜虫吸食植物的汁液后，会分泌出一种蚂蚁最爱吃的蜜露。蚂蚁为了蜜露，就会把蚜虫驱赶到一个泥土圈里，蚜虫在泥土圈内可以得到蚂蚁的保护，若有昆虫侵入，蚂蚁就会释放出蚁酸将它们赶走。

其他目昆虫

椿象

椿象也叫“椿”，属半翅目昆虫，约有38 000多种，其中多数种类是害虫，小部分种类是益虫，世界各地均有分布，我国发现的有3 100多种。因为它们的身体能散发极其难闻的臭味，所以又被人们称为“臭大姐”。

椿的共同特点是身体扁平，体型有大有小，口器为喙状，适合刺吸。前翅的根部是革质，端部是膜质，后翅全部是膜质或已退化消失。

多数种类的椿象都具有发达的臭腺，其分泌物在空气中挥发，会产生浓烈的

臭味，可用于自我防卫。头部多呈三角形或五角形。触角为4～5节，一般呈丝状。复眼很发达，突出于头部两侧。前胸背板发达，通常呈六角形，有的呈长颈状，两侧突出呈角状。中胸的小盾片发达，通常呈三角形，或有半圆形与舌形者，有的种类特别发达，可将整个腹部盖住。通常有2对翅膀，前翅基部加厚成革质，端部为膜质，故称为“半鞘翅”。后翅膜质，翅脉变化很大。胸足类型因栖息环境和食性的不同而常有变化，除基本类型为步行足外，还有捕捉足、游泳足和开掘足等。

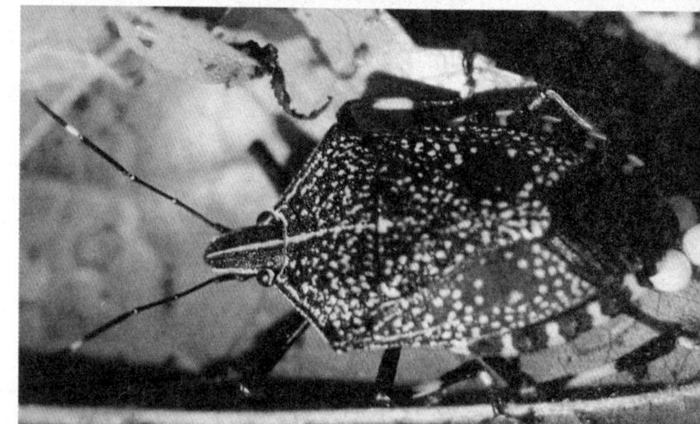

常见的椿象种类有捕食小虫、有益于农业的食虫椿象，可以药用的九香虫，供人们食用的桂花蝉，还有危害农业的军配虫以及专门捕食幼鱼的田鳖和松藻虫等。

椿象家族中的食虫椿象主要以捕捉其他动物为食，它们在捕食时常常会直接将猎物杀死，或者吸食它们的血液。在热带地区，食虫椿象有时还生活在人类的房屋内。白天，它们会躲藏起来，夜晚才出来活动，从睡着的人身上吸食血液，能够传播危险的疾病。

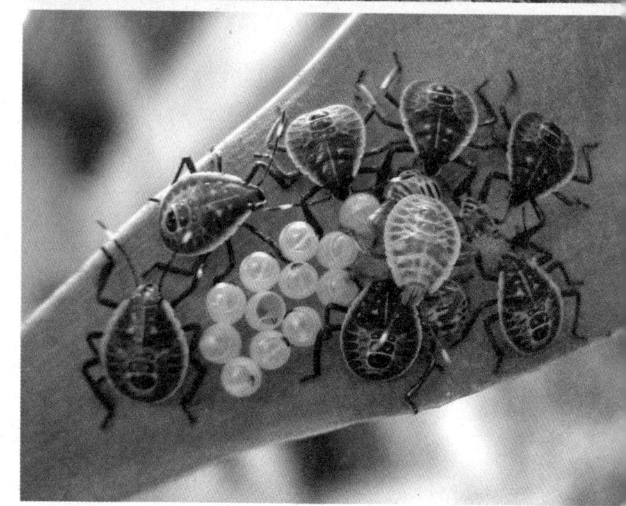

跳蚤

跳蚤又被称为“虼蚤”、“虼蚤子”。跳蚤是小型、无翅、善跳跃的寄生性昆虫，成虫通常寄居在哺乳类动物的身上，少数寄居在鸟类身上。触角粗短，口器锐利，用于吸吮。腹部宽大，有9节。后腿发达、粗壮，属完全变态昆虫。

身上有许多倒长着的硬毛，可以帮助它们在寄生动物的毛内行动。它们还有2条强壮的后腿，因而善于跳跃，能跳近26厘米高。跳蚤通常在找到寄居对象后就不再离开，两天后就能排卵。雌虫把卵产在有灰尘的角落、墙壁及地板的缝隙里，有时也产在动物身上，随着动物的活动而落地或迁移，所以，在消灭跳蚤时，要把墙壁和地上的孔洞用石灰或泥填平。

跳蚤的卵呈白色，大约4~5天后就能孵化出白色无足的幼虫，幼虫以灰尘中的有机物质和跳蚤的粪便为食。两星期后，幼虫就能吐出丝和灰尘黏结成茧并在里面化蛹，再过两星期，跳蚤就从茧里出来了。

古老的跳蚤

跳蚤属于节肢动物，它们的祖先生有翅膀。但现有的跳蚤在发育过程中，任何一个阶段也观察不出它们有过翅膀的迹象。考古学家在琥珀的沉积物中发现了跳蚤化石，这说明至少在4 000万年以前跳蚤就已经存在了。它们不停地繁殖，并且种类也在不断增加。《大英百科全书》中记载的跳蚤有1 600种，1976年《美国百科全书》中记载的跳蚤已有11 000种。

超凡的能力

跳蚤具有非凡的跳跃能力，有些跳蚤能跳出几乎相当于自己身长200倍的距离。如果人类也有这样的跳跃能力，那我们将能跳340米左右。跳蚤还是个“大力士”，它们能搬动比自己体重80倍的物体。

寄生生活

有的跳蚤寄生在人身上，有的寄生在狗、猫、鼠、鸡、燕子等不同动物的身上。跳蚤的种类虽然很多，但它们的形态、生活习性却很相像，并且都非常适应这种寄生的生活方式。

跳蚤的体型略呈椭圆形，没有颈部，两侧光滑，这样便于它们寄生在兽毛的根部、禽类的羽毛或人贴身的内衣上。它们的脚上有很细的爪，当它们要走过寄主皮肤的光滑处时，这些爪子可以使它们抓牢而不致掉下去。

一只雌跳蚤每次产卵十几到二十几个，在整个繁殖期内可以产卵500个。白色椭圆形的卵从寄主身上滚落下来，通常聚在毛毯下面或有灰尘的地方，然后孵化成蛆样的幼虫。幼虫以蔬菜和动物的粪便为食，之后开始作茧，最后成虫就会从里面钻出来。

寄生在人身上的跳蚤可以活518天；寄生在老鼠身上的可以活345天。俄罗斯有一种跳蚤能活1 487天，是跳蚤中寿命最长的一种。

吸食血液

跳蚤的头部较小，除了一对眼睛和触角外，还“装备”了一套锐利的皮肤“凿孔器”，用来在寄主身上“穿孔”吸血。跳蚤的腹部后端背面，生有一个奇怪的器官，称为“感觉板”。板上有几个开口，开口处有刚毛伸出。经过研究，科学家们发现，这是跳蚤用来感觉温度、气流、化学物质和光线照射等外部环境的器官。如果它被破坏，跳蚤就无法附在寄主身上生活了。

当跳蚤在叮咬时，会向受害者体内注入一种特殊的物质，阻碍血液凝结，这就是形成炎性肿块的原因，它使哺乳动物、鸟类或人类产生想挠痒的感觉。

对人体的危害

皮肤容易过敏的人群被跳蚤咬后，可能会导致一些皮肤病的发生，尤其在夏季，家里若养有猫、狗等宠物，就会比较容易滋生跳蚤等寄生虫，人体被咬过后就容易得季节性湿疹。

跳蚤鼠疫杆菌是引起鼠疫的一种很小的杆菌。这种菌通过老鼠身上的跳蚤(鼠蚤)传染给人类。跳蚤吸食鼠疫患者的血液后，胃中充满了鼠疫杆菌，食道被细菌阻塞。它们虽是鼠蚤，但有时也咬人。这种带菌的跳蚤吸入人血时，血液会因食道被细菌阻塞无法入胃而从口部回流到被咬人的身体里，鼠疫杆菌就在这时进入人体，使人患上鼠疫。跳蚤在吸食人血时还有可能把粪便排在人的皮肤上，其中也含有大量鼠疫杆菌。因为被咬部位发痒，搔痒时会将鼠疫细菌带入微细的伤口，也能使人患上鼠疫。

跳蚤能传染给人类很多严重疾病，是斑疹、伤寒等的传播者和鼠疫的直接媒介。人患鼠疫的死亡率非常高，1347年，整个欧洲鼠疫蔓延，致使许多城镇人烟绝迹，3年的时间共夺去了2 500万人的生命。

小知识

被跳蚤咬后又疼又痒的原因

跳蚤是一种吸血性昆虫。它们在人的皮肤上留下的伤口虽然很小，但却让人又疼又痒。这是为什么呢？原来，跳蚤为了能够顺畅地吸到人的鲜血，在咬人时，会先把它们的唾液注进人体皮肤上的伤口。这种唾液有抗凝血的作用，能使鲜血源源不断地流出来。虽然跳蚤的唾液非常少，但正是这极少的唾液里的抗凝血材料，才让人觉得疼痒难忍。

蜉蝣

蜉蝣为蜉蝣目昆虫的统称，是现存最古老的有翅昆虫。全世界已知的蜉蝣种类为2 300多种，我国目前已知的有300多种，很多种类都还有待进一步探索。

蜉蝣的身体细长，体态轻盈，显得十分柔软。复眼通常很发达，有3只单眼，触角短，口器退化。一般前翅较大，呈三角形，翅脉发达呈网状，后翅较小或退化。蜉蝣的尾须细长，有些种类还具有中尾丝。

蜉蝣为不完全变态，幼虫在水中生活。蜉蝣还是昆虫中唯一具有亚成虫和成虫两个成虫期的类群。

蜉蝣的生活周期极短，常被人当做“朝生暮死”的代名词。蜉蝣的拉丁文和法文名称源自希腊文，意为“仅一天的生命”，在德文中的称谓也是“仅有一天生命的昆虫”之意。在英文中，蜉蝣一般被称为“五月的飞虫”，指其在春夏之交常大量出现。

蜉蝣的生活史可以分为4个时期，即卵、幼虫、亚成虫和成虫。

雌虫产卵有多有少，多的超过10 000个，少的不到50个。雌虫将卵产在水中，大约经过两周的时间，就能孵化为幼虫。幼虫的发育时间也是不一样的，短的十几天，长的达2年。幼虫长成，其皮裂开并羽化成有翅膀的亚成虫，亚成虫飞离水面，会到附近的阴凉处休息，经过数分钟到数天（通常是24小时）的时间便能蜕化为成虫。

由于成虫的口腔与消化器官退化，根本无法进食，因此它们的寿命很短，一般只能活几个小时，最长也不超过2天。

因此，人们常用蜉蝣举例来比喻生命的短暂，并借此劝人要爱惜时间、自强不息。

蜉蝣的幼虫

当我们在溪边玩耍，不停翻动浸在水中的石头时，就会发现一种长约2厘米且身体扁平的小动物，那就是蜉蝣的幼虫。

蜉蝣幼虫的背部与腹部扁平，胸部长有3对肢脚，腹部两侧是用于呼吸的鳃，尾梢上长有3根细长的毛。它们附着在石头上，很容易辨识。

蜉蝣的幼虫具备流线型的身材，因此善于游泳，行动敏捷。在近2 000种的蜉蝣幼虫中，它们身体的扁平程度，跟水流的速度成正比，只有极扁平的蜉蝣幼虫才能够在湍急的河流中生存下来。

虽然有些蜉蝣的幼虫是肉食性动物，但大多数蜉蝣幼虫以藻类、高等植物及有机碎屑为食，而其本身又是许多鱼类的食料，因此它们在淡水能量的循环转换中，起着重要的作用。

竹节虫

竹节虫是一种节肢动物，因身体修长而得名。一般呈绿色或棕色，就像树枝或叶柄。它们的身体细长，3对纤细的胸足紧贴在身体两侧，全身分节明显，生来就像竹枝。它们的前足常攀附在竹叶的基部，后足紧抓竹节，纹丝不动地停息在竹叶上。

竹节虫的体长通常在10～130毫米之间，但最长的种类可达330毫米，是昆虫中身体最长的一种。世界已知的约有2 500种，均为植食性种类，大多数种类被发现在热带潮湿地区，主要分布在澳洲、北美洲。

在竹枝交错的地方，竹节虫便会把胸足伸展开来，有时还轻微抖动几下，仿佛习习微风吹拂的竹林。这种昆虫爱吃蔷薇的嫩叶，不过它们的食量不大，一点点叶子就足够它们填饱肚子了。

竹节虫不仅有模仿竹枝的本领。而且能使自身的体型与其他植物的形状相吻合。同时，它们还能根据光线、湿度、温度的差异来改变自己的体色，让自己完全融

入到周围的环境中，这样也能巧妙地躲过鸟类、蜘蛛等天敌。竹节虫奇特的隐身生存行为显然比其他善于拟态的昆虫技高一筹，这样一来，“伪装大师”的桂冠颁给竹节虫是理所当然的。

竹节虫的反应比较迟钝，白天静静地趴在树枝上，一动不动，夜间才出来活动取食，这样有利于避免遭到天敌的追捕。

竹节虫对付敌人也有自己的一套本领。在竹节虫的胸腹部有两个特殊的腺体，遇到敌害时就会释放出毒液。在竹节虫的足尖部位也长有又硬又尖的尖刺，因而使得很多动物都对它们敬而远之。除了这些，装死也是竹节虫的本领之一，在遇到突发情况或受到惊吓时，它们就会立即坠落到草丛中，以假死来逃避灾难。

竹节虫的生殖也很特别，交配后通常会将卵单粒产在树枝上，1~2年后，幼虫才能孵化。有些雌虫不经交配也能产卵，生下无父的后代，这种生殖方式叫“孤雌生殖”。竹节虫产的卵很大，看上去像一粒种子。竹节虫是不完全变态昆虫，刚孵出的幼虫和成虫很相似。它们常在夜间爬到树上，经过几次蜕皮后，逐渐长大为成虫。成虫的寿命很短，大约只有3~6个月。

蟑螂

蟑螂的学名叫“蜚蠊”，别名“负盘”，俗称“蟑螂”，属昆虫纲蜚蠊目。全世界已知约有3 700种，大多分布在热带和亚热带地区，少数分布在温带地区。

蟑螂成虫呈椭圆形，背腹扁平，体长10～30毫米，身体呈黄褐色或深褐色，因种而异，体表具有油亮光泽。头部小，且活动自如。复眼大，有2只单眼。触角细长呈鞭状，可达100余节。口器为咀嚼式。前胸发达，背板为椭圆形或略呈圆形，有的种类表面具有斑纹；中、后胸较小，不能明显区分。前翅革质，左翅在上，右翅在下，相互覆盖；后翅膜质。少数种类无翅。足粗大、多毛，基节扁平而阔大，几乎覆盖腹板全部，适于疾走。腹部扁阔，分为10节。

蟑螂为渐变态昆虫，生长繁殖分为卵、若虫和成虫3个发育阶段。

大多数种类的蟑螂都栖居在野外，仅少数种类栖息在室内。后者与人类的关系密切。这些种类尤其喜欢栖息在室内温暖且与食物、水分靠近的场所，如厨房的

小知识

蟑螂爱吃甜食

一到夜晚就会钻出来的蟑螂是见什么吃什么的杂食性昆虫。家居蟑螂更是会吃人们认为绝对不能吃的很多东西，比如纸张、鞋油、树皮、壁纸和烟，甚至毛皮、人的眉毛、头屑等等。可是，蟑螂最喜欢吃的还是点心、面包屑等甜食。而蟑螂最讨厌的食物是黄瓜和西红柿等蔬菜。

碗橱、食品柜、灶墙等处的隙缝中和下水道的沟槽内。蟑螂喜欢昼伏夜行，白天隐匿在黑暗并且隐蔽的地方，夜间四处活动。蟑螂主要用足行走，每分钟可以行走21米的距离。蟑螂的臭腺能分泌一种气味特殊的棕黄色油状物质，是其驱避敌害的一种天然防御武器。该分泌物通常被称为“蟑螂臭”。

蟑螂能通过体表或体内（以肠道为主）携带多种病原体而机械性地传播疾病。此外，国外报告蟑螂可成为过敏原，引起变态反应。

保持室内清洁、妥善保藏食品、及时清除垃圾是防制蟑螂的根本措施。同时根据蟑螂的季节活动规律，集中力量，反复突击，以彻底将其消灭。

蟑螂也可入药，有通利血脉、散结消积、养阴生肌、提升免疫力的功效。

螳螂

螳螂属昆虫纲螳螂目，是人们非常熟悉的一种昆虫。全世界的螳螂约有2 000种，身长在5~10厘米之间，螳螂的繁殖能力非常强，一只雌性螳螂的寿命可达2年之久，在这2年里，它们能产卵约1 000枚，卵的孵化期约为45天，幼虫成熟需要1年的时间。

螳螂属于不完全变态，所产的卵包裹于泡沫状或纸状的卵鞘中，常附着在树干上，被称做“螵蛸”，有些种类的螵蛸还会被作为药材使用。

螳螂在静立等待猎物时，总是抬起头，举起2只前足收拢在胸前，那种举动就像在祈祷，所以西方国家称它们为“祈祷虫”。

螳螂独特的祈求姿态，引发了许多神话与传说。古希腊人相信螳螂具有超自然的力量，尊称它们为“占卜者”；许多人认为，马或骡吃下螳螂后会毙命，人沾上螳螂棕色的唾液会失明。当然，这些都是迷信的说法。

螳螂都是拟态的高手。其身体表面呈绿色或褐色，外形像叶片、细枝、地衣、花朵、蚂蚁。依靠拟态，它们不但可以躲过天敌，而且在等候或接近猎物时不易被察觉。

螳螂经常漫步在草丛与树林之间，虽然它们的行动比较缓慢，却是一流的伏击手。当它们发现猎物时，会利用拟态慢慢地接近猎物，然后2只前足就会以迅雷不及掩耳之势发动攻击，“足”到擒来。蝉、蛾、蟋蟀、蝗虫、螽斯等，都是在这种状况下被它们猎杀。

高举着两把“大刀”的螳螂，不仅样子威武，反应也极快。从发现猎物到把猎物抓住，只需要1/300秒的时间，人的眼睛还什么都没看清，螳螂就已经把猎物送到肚子里了。

螳螂不但会用拟态来躲避天敌，而且善于猎捕小昆虫，然而当它们闪电攻击小昆虫时，也常会暴露自己的行迹，成为鸟类捕食的对象。“螳螂捕蝉，黄雀在后”的成语就是来源于此，比喻经常只看见眼前的利益，而忽略了身后的危险。

为了便于捕捉小虫和迷惑猎物，螳螂还有一套不寻常的本领，那就是它们的颜色会随着周围草木叶子颜色的变化而改变。夏天的草丛和树林都是绿色，这时，螳螂的身体也是绿色的；秋天叶子枯萎变黄，螳螂的身体也就会随之变成黄褐色。

螳螂在受惊时，会闪到一边或略微退后，一面振翅沙沙作响，一面高举前足准备进攻。目的是恐吓对方，使对方因畏惧而退却。鸟类对这种恐吓毫不在乎，仍会快速将螳螂吞入腹中。

人们将这种情形称为“螳臂当车”，意思是螳螂举起臂膀（其实是前足），想把车挡住，用来比喻不自量力。

小知识

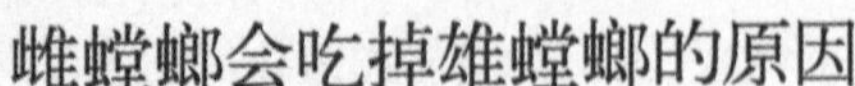

雌螳螂会吃掉雄螳螂的原因

螳螂为肉食性昆虫，习性凶猛、好斗，即使是同类也常会互相残杀。大吃小，雌吃雄，都属于正常现象。为什么雌虫会吃掉雄虫呢？原来雌螳螂在交配后，急需补充大量营养，以使腹中的卵粒成型，并制作将来产卵时包缠卵粒的大量胶状物质。所以说，雄螳螂是为子女献身的，也有人称雄螳螂是“痴情丈夫”。

螳螂与仿生

虽然有人戏称导弹是“长眼睛的炮弹”，但它们在实际运用时，并非百发百中，偶尔也会出现偏差，这说明它们的“眼睛”其实还不够敏锐。为此，仿生学家受昆虫复眼的启发，给导弹装上了“虫眼速度计”，这就是新式导弹。装上虫眼速度计的导弹比普通的导弹要强很多，它们能迅速测定导弹与目标间的相对速度，并指示导弹不断调整方向与速度，从而一举摧毁目标。

螳螂的复眼在跟踪飞虫时，位于颈部的本体感受器也开始了工作。本体感受器有两组由数百根弹性纤维组成的感受垫，飞虫向右边掠过，螳螂就会把头转向右边，使右感受垫的纤维被压弯。头部旋转的角度越大，被压弯的弹性纤维就越多。与此相对应，左感受垫里有同样根数的纤维伸直了。纤维的弯曲或伸直刺激位于它们基部的感受细胞，使脑部形成不同的兴奋信号，通过这种兴奋信号的差别，脑子就测出了飞虫运动的速度。

人们模仿昆虫的这种复眼，制造出了“虫眼速度计”。除了在导弹上装上虫眼速度计外，它们还被广泛地运用到了飞机上。装上虫眼速度计的飞机在着陆时能随时测知其相对于地面的速度，从而做到安全平稳地着陆。

白蚁

白蚁有1 700个种类，同蚂蚁一样是群居的社会性昆虫。蚁群中最重要的成员是蚁王和蚁后，它们都长有翅膀。蚁后的身体由于怀着卵而膨胀得很大。

白蚁王和白蚁后食物都是先由其他白蚁个体加工过后再喂给它们。白蚁后的腹部，随着生育次数的增多，卵巢也会随之不断地伸长增粗，甚至不能单独自由行动，如果它想活动，则必须由众多白蚁抬起它的便便大腹后才能行动。

群体中还有专司防卫职能的白蚁兵蚁，以及担负着建巢、筑路、寻食、采食、哺育幼白蚁、喂养白蚁王和白蚁后及兵蚁等重任的工蚁。在白蚁群体中，工蚁和兵蚁既是没有生殖能力的“不育”个体，还是永远不长翅膀的“无翅”个体。它们的寿命较短，而白蚁王和白蚁后的寿命则要长得多。许多白蚁种类，当白蚁王和白蚁后衰老或死亡后，会有许多幼小的白蚁个体迅速发育，来补充群体之主的位置。

白蚁是出类拔萃的“建筑大师”。它们住在巨大的巢穴里，那是一种由沙子、动物粪便与唾液混合后凝固而成的“大厦”。在建设这些“大厦”时，白蚁要用唾液把沙粒垒在一起，并分隔成大小不一的“房间”，整个建筑有的像柱形，有的像锥形，有的像一个有茎有伞

的大蘑菇，有的还像四面都有飞檐的古塔。巢穴的形状取决于建造它的白蚁的种类。穴内向外的通道由白蚁监管打开或关闭，以控制巢内的温度。白蚁的巢穴能达到6米高，而且非常牢固。如果人们想把它们从原建筑处移开，有时甚至不得不动用炸药。白蚁的这种建筑“才能”在昆虫界中是极为罕见的。

在吃东西方面，白蚁真是声名狼藉。只要是在路上碰到的，不管是小动物、植物，还是木头，它们都能津津有味地吃下去。而实际上，白蚁自己是不能消化木头的，它们的身体里缺少一种酶，没有酶，动物就不能消化食物。但白蚁倒不在乎这个，因为它们的肠胃里居住着无数的披发虫，它们能够生产消化木头所需要的酶，有了这些小帮手，白蚁自然就不用担心了。

虽然白蚁和蚂蚁同样都是过着集体生活，大小也差不多，但事实上，白蚁并不是蚂蚁的同类，它们在生物学上一点关系都没有。而白蚁和蟑螂反倒是比较近似的古老昆虫。它们同样是在3亿年前就出现在了地球上，而且从那时起，它们就已经靠吃木材纤维生活了。

蚂蚁头、胸、腹部的区分很明显，而白蚁的胸部与腹部并没有明显的分界，这也是它们两者最大的区别。

几乎有2 000种白蚁生活在热带地区，它们常隐居在巢穴中或者往来于纵横交错的地下隧道内。常将巢穴建造在居民的家里、枯树上、土中或用土堆成。在非洲，白蚁用土堆成的巢比人还要高，人们称之为“蚁冢”。蚁冢的壁就像钢铁一样坚硬，但是非常舒适，内部有作空气调节用的空间。

白蚁的集体生活以蚁后和雄蚁为中心，雄蚁和蚁后生活在一起。蚁后因腹部过大而无法自由移动，靠工蚁和兵蚁的帮助来维持生活。蚁后每天可以产下2万~3万粒卵。

工蚁以木材为食，它们的肠道内有一种原生动物与其共生，叫“披发虫”，可以帮助它们消化木材的纤维。小工蚁群聚在一起，以照顾身体庞大的蚁后，还能搬运其产下的卵粒，喂食幼虫。工蚁及雄蚁在巢中相互协作筑巢，工蚁的数量占白蚁群总数的90%。

兵蚁是由一部分雌蚁长成的，小型的雌蚁慢慢变成大型的兵蚁，但也有一开始就长成小型兵蚁的。它们是白蚁巢的卫士，能够阻挡入侵的外敌。但它们却总是没办法打败蚂蚁，因为它们被蚂蚁咬到后，会因为中毒而全身麻痹。

土豚、穿山甲、大食蚁兽、犰狳及土狼都是白蚁的天敌。

白蚁会破坏建筑物中的木材，但在森林中，又能将枯木分解成土中的营养成分，让其他植物再度吸收，有益于森林的生长。

春天到来时，上百只雌蚁及雄蚁飞到天空中，做结婚飞行。结婚飞行归来后，雌蚁及雄蚁的翅膀就会脱落，并进行交尾，然后合力组织新的王国。

白蚁和蚂蚁的区别

白蚁，无论从名称还是长相上，人们都以为它们是与蚂蚁在血缘上很近的“亲属”。其实不然，白蚁属于等翅目，是类似蟑螂的低等昆虫，蚂蚁是膜翅目，是与蜜蜂、黄蜂等相近的比较高等的昆虫。

等翅目的白蚁，其前后翅膀几乎是同形态，大小也相似，且长于身体。而生有翅膀的蚂蚁，前翅比后翅宽大，翅长与身长相等，区别明显。白蚁成虫的触角是念珠状的，而蚂蚁的触角是膝关节状的。从发育看，白蚁的幼蚁经过几次蜕皮就能变成成虫，没有蛹期，属不完全变态。而蚂蚁要经过蛹期才能变成成虫，属完全变态。最容易区分的地方是：蚂蚁腹基部细，形成细腰，而白蚁成虫腹部各节粗细差不多，没有蚂蚁这种细腰。

蜻蜓

蜻蜓属于蜻蜓目，是肉食类昆虫，以蚊子、苍蝇和其他小型昆虫为食。蜻蜓对农田作物的增产，起到了很大的作用，是一种对人类有益的昆虫。

蜻蜓捕捉食物的方法，和别的昆虫不大相同。当它们在空中飞翔，遇到前方有食物可以捕捉时，就会立刻把6只脚向前方伸展开，它们的每只脚上都生有无数细小而锐利的尖刺，就像步兵准备冲锋时步枪上的刺刀一样，它们的6只脚合拢起来时，就像一只小笼子，当它们朝着飞翔的小昆虫加速猛冲过去的时候，小昆虫就会被捕捉到用6只脚合拢成的“笼子”里。然后蜻蜓就可以从容地享受它们的美餐了。

俗话说的“蜻蜓点水”实际上指的是蜻蜓产卵的现象。蜻蜓产卵时，会在小河边或者池塘里的水草上，把尾尖贴在水面上，一点一点地用尾尖点水。有些种类的雄性蜻蜓，在雌性蜻蜓产卵时，还会充当“助产士”，飞翔在雌性蜻蜓的上方，用尾尖勾住雌性蜻蜓的头部，全力以赴地拖着雌性蜻蜓到水面或水草上排卵。

蜻蜓排出的卵不久后就会孵化成幼虫，外形很像一只大肚子蜘蛛，叫做“水蚕”。水蚕要在水里过很长时间的爬行生活，而后，它们就会长成成虫。成虫仅仅能活1~8月。尽管如此，它们在昆虫中还是要算长寿的。

小知识

蜻蜓与仿生学

1903年，人类发明了飞机。据说，人类最初萌生制造飞机的想法是受到了蜻蜓的启发。

飞机研制成功后不久，科学家想要不断提高飞机的飞行速度，这时，却遇到了一个很大的难题：那就是飞机在飞行时，两个机翼会发生剧烈的振动，他们把这种现象称为“颤振”。这种剧烈的颤振往往会造成翼折人亡的恶性事故。

如何才能消除这种颤振现象呢？科学家们在始终都找不到答案的情况下，不由得又想到了蜻蜓。既然飞机是仿照蜻蜓制成的，那么，消除颤振的方法也一定能在蜻蜓的身上找到。

首先要搞清楚的是蜻蜓为什么是昆虫界的飞行冠军？它们在急速飞行时，翅膀为什么不会因振动而折断？科学家们在对蜻蜓进行反复的研究后，终于发现了隐藏在蜻蜓翅膀上的秘密。

蜻蜓翅膀前缘的上方都有一块颜色较深的角质加厚区，叫“色素斑”。看起来像一颗小痣，所以又称“翅痣”。

科学家们经过反复试验，切除了蜻蜓翅膀上这个特殊的翅痣，但并没有损坏蜻蜓翅膀的其他部位，然后再把它放回天空。这时，他们发现这只没有了翅痣的蜻蜓虽然还能飞行，但却像酒鬼似的摇摇晃晃。

原来，正是“翅痣”的角质组织才消除了蜻蜓在飞行时的颤振现象。

找到原因后，飞机设计师模拟蜻蜓的“翅痣”，在现代飞机机翼的末端前缘装置了一块类似的“加厚区”。果然，加厚区就像翅痣一样消除了飞机的颤振现象，从而使飞机在飞行时能始终保持稳定。

蝉

蝉又叫“知了”，属于半翅目蝉科。多生活在热带、亚热带及温带地区，寒带较少见。蝉的幼虫期叫“蝉猴”、“知了猴”或“蝉龟”，最大的蝉体长4～4.8厘米。蝉的翅膀基部为黑褐色，喜欢用针刺器吸取树汁，幼虫栖息在土中，吸取树根汁液，对树木有害。但是，蝉蜕下的壳可以做药材。

蝉的一生要经过卵、幼虫和成虫3个不同的阶段。卵产在树上，幼虫生活在地下，成虫又重新回到树上。蝉的幼虫生活在土里，以植物的根为食，在地下生活4年之后就会钻出地面。蝉能够非常准确地确定时间，在地下恰到好处地完成从幼虫到成虫的过渡生长，并适时离开地下爬到地面。

会鸣叫的蝉是雄蝉，它们的发音器官在腹基部，就像是被蒙上了一层鼓膜的大鼓。鼓膜受到振动而发出声音，鸣肌每秒能伸缩约1万次。盖板和鼓膜之间是空的，

能起到共鸣的作用，所以它们的鸣声特别响亮，并且能轮流利用各种不同的声调激昂高歌。雌蝉的乐器构造不完全，不能发声。

蝉的家族中的高音歌手是一种被称做“双鼓手”的蝉。它们的身体两侧有大大的环形发声器官，身体的中部是可以内外开合的圆盘。圆盘开合的速度很快，蝉鸣就是由此抖动发出的。这种声音缺少变化，不过要比丛林中金丝雀的叫声大得多。

雄蝉每天唱个不停，是为了吸引雌蝉来交配。雄蝉的叫声在雌蝉听来像一首美妙的乐曲。在交配受精后，雌蝉就用像剑一样的产卵管在树枝上刺成一排小孔，把卵产在小孔里，几周之后雄蝉和雌蝉就会死去。

蝉是不完全变态昆虫。蝉喜欢将卵产在干枯的树枝上，每次约产300～400个。卵要经过一个漫长的冬天，直到来年夏天才会孵出幼虫。幼虫很小，就像小鱼。它们用鳍一样的前足支撑纤弱的身体，从树皮的缝隙中爬出来，开始蜕皮。蜕下的皮会形成一条有黏性的长丝，丝的一端连着小如芝麻的幼虫。幼虫在这根丝线上先尽情地享受一次日光浴，等身体变硬后，就会顺着垂下的丝线滑落到地面，寻找柔软潮湿的地方，开始漫长的地下生活。此时，它们靠吮吸地下植物根中的汁液生长发育。幼蝉在洞中要待上若干年，最长的可达17年。发育成熟的幼蝉，会在夏季的傍晚爬出地面，沿树干爬到树上，开始蜕皮。旧皮从背部裂开，头部先钻出来，然后

是腿和翅膀，最后它们会在空中翻转，使最后的连接点脱离，同时前爪及时钩住旧皮，蜕化为带翅膀的成虫。

另外，古人认为蝉餐风饮露，是高洁的象征。《唐诗别裁》说："咏蝉者每咏其声，此独尊其品格。"意思是说古人常以蝉的艺术形象表现自己品行的高洁。

蚱蝉

蚱蝉又名“黑蝉”、“知了”，体长约45毫米，翅展约125毫米，全身漆黑，有光泽。头部横宽，中央向下凹陷，颜面顶端及侧缘为淡黄褐色。有1对复眼，大而横宽，呈淡黄褐色，3个单眼，位于复眼中央，呈三角形排列。触角短小，位于复眼前方。前胸背板的两侧边缘略扩大，中胸背板有2个隐约可见的呈淡赤褐色的锥形斑。翅2对，透明有反光，翅脉为红色，前缘为淡黄褐色，翅基室的1/3为黑色，亚前缘室呈黑色，并有1个呈淡黄褐色的斑点，后翅基部的2/5为黑色。雄虫具鸣器，雌虫无。有3对足，为淡黄褐色，腿节上的条纹、胫节基部及端部均为黑色。腹部各节为黑色，末端略尖，呈钝角。雄虫腹盖发达，外缘呈弧形隆起；腹盖的外缘与后缘、各腹节的后缘以及分布在腹面分散的点，均为淡黄褐色。雌虫腹盖不发达，产卵器明显。

蚱蝉在我国各地均有分布，夏天较常见，多生活在低海拔甚至城市的边缘地区。雄蝉从清晨开始至傍晚鸣叫不休。在炎热的夏季天气晴朗时，它们总是不知疲倦地在树上高声鸣叫，经常是一蝉鸣叫，群蝉应和。蚱蝉在杨、柳、枫、榆、槐等阔叶树和多种木本树木及果树上，以其刺吸式口器吸食树木汁液为生。

我国许多地区的人们都有食用蚱蝉及其若虫的喜好，其风味独特，营养丰富，并有良好的保健作用。蚱蝉不仅可以用来食用，其成虫、若虫和蝉蜕也是著名的中药材，主治感冒、咽喉肿痛、破伤风等。

草蛉

草蛉，又名“草青蛉”，属脉翅目草蛉科昆虫。全世界有近2 000种草蛉，我国已知有200多种，全国各地均有分布。

草蛉是典型的捕食性昆虫，喜食棉红蜘蛛蚜虫和介壳虫等农林业害虫，是著名的天敌昆虫。

草蛉的身体呈翠绿色，2对透明的翅显得十分轻盈。常见的草蛉成虫体长15毫米左右，前翅长约8毫米，后翅长约6毫米。头为黄绿色，带有黑斑。前翅前缘横脉列及翅后缘基半部的脉多为黑色。

草蛉的卵粒呈椭圆形，长0.5～0.7毫米，宽0.32～0.38毫米。单粒散产于植物上，多在叶片的背面。有些报纸曾经报道发现钢管上“开花”，其实这“花”就是草蛉产的卵。

草蛉幼虫的身体呈纺锤状，黑褐色，称“蚜狮”。跟草蛉的成虫一样，都是十分凶猛的天敌昆虫。

蚁蛉

蚁蛉的俗名很多，如“沙猴”、“沙牛”、“倒退虫”、“倒行狗子”、“沙王八”、“缩缩”、“地牯牛”、“沙虱”、“睡虫”等。蚁蛉属脉翅目，幼虫叫“蚁狮”。成虫和幼虫都捕食昆虫等小动物，是一种天敌昆虫。

蚁蛉科昆虫属完全变态昆虫，具有卵、幼虫、蛹、成虫4个阶段。蚁蛉的卵极细小，产在沙土中。幼虫，也就是蚁狮，体色灰暗，身体呈纺锤形。幼虫成熟时从腹部抽出丝，把周围的沙土黏结成一个圆茧，然后躲在里面蜕化成蛹。

蚁蛉的头部有1对强大的颚管向前凸出，状如鹿角，是由上颚和下颚组成的尖锐而弯曲的空心长管式口器。多数成虫体色呈灰至灰黑色，或带黄褐色，一般没有

鲜艳的颜色。成虫羽化有一个奇妙的特点，每只成虫羽化出来以后，经过一段时间翅的伸展和硬化，随即会拉出一大粒粪便，这是幼虫一生积累下来的唯一一次粪便。

蚁蛉多为夜间活动，其外形乍一看与豆娘十分相似，但触角和豆娘相比明显长了许多，它跟豆娘一样，都是益虫，其幼虫以肉食为生，能吃蚜虫、松毛虫等森林害虫。

和其他昆虫相比，蚁蛉捕食猎物的方式是很特别的。它们总是精心地布置好陷阱，然后等猎物自投罗网。在什么地方设陷阱以及陷阱的角度等都有着精心的布局。

部分幼虫生活在沙地或沙质松尘土的地表层下，将细纱或尘土筑造成一个漏斗状“陷阱”，将自身隐藏在“陷阱”底部的沙内，以“守株待兔”的方式捕猎蚂蚁等昆虫和小型节肢动物。当猎物误落其“陷阱”，滚落到“陷阱”底部时，它们就会立即从沙中伸出其强大的口器钳住猎物，拉入沙内吸食。有时猎物未被捕住，向上爬行企图逃离“陷阱”，此时，蚁狮就会用它们那空心长管式的口器向上抛出沙子，将猎物击落至“陷阱”底部，捕猎时颚管呈钳形刺进猎物体内，

注入消化液，拖入陷阱中吸干猎物后，将其抛出，然后重新整理好陷阱，等待下一顿大餐。

蚁狮能捕食与其体型大小相近的猎物，捕食动作迅猛，一旦被其捕捉住便难以逃脱，故美其名曰“蚁狮”。凡筑造“陷阱”种类的幼虫，其行动与众不同，不论是在筑造“陷阱”的活动时还是迁移时，都是向后倒退着行走，故俗称“倒退虫”。另有一些种类虽栖息在沙尘地表下，但不筑造“陷阱”，只是静伏在沙尘地表下隐藏，当感觉到有猎物爬行经过时，就会迅速从沙中向前冲出追捕，捉到猎物后，立即将猎物拖入沙中吸食。还有一些种类栖息在树皮缝间或地表苔藓上，其体色与栖息环境相近似，静伏不动时不易被发现，它们以伏击方式捕猎近身而过的节肢动物为食。

这种昆虫在全国各地都有分布。它们主要生活在一些沙地，比如沙土地、有稀疏植物生长的沙滩、不受风雨侵袭的灰土地，偶尔也会出现在废旧房屋的尘土中。

蚁蛉有很大的药用价值，中医将蚁蛉的幼虫——蚁狮入药，据记载，蚁狮具有平肝熄风、解热镇痛、祛痰散结、拔毒消肿、通便泻下及截疟杀虫等功效，还能治疗小儿高烧惊厥、中风、癫痫、疟疾、便秘、腹泻、小儿消化不良、跌打损伤以及胆结石和泌尿系统结石等症。外科用，可治疗痈肿疮疖、骨髓炎、中耳炎等病。从古至今，医书药志均有记载，如《本草纲目》、《本草求原》等。